适度规模畜禽养殖场高效生产技术丛书

适度规模猪场高效生产技术

陈主平 等 主编

中国农业科学技术出版社

图书在版编目（CIP）数据

适度规模猪场高效生产技术／陈主平等主编．—北京：
中国农业科学技术出版社，2015.1

（适度规模畜禽养殖场高效生产技术丛书）

ISBN 978 - 7 - 5116 - 1825 - 2

Ⅰ．①适…　Ⅱ．①陈…　Ⅲ．①养猪学　Ⅳ．①S828

中国版本图书馆 CIP 数据核字（2014）第 229298 号

责任编辑	胡晓蕾　闫庆健
责任校对	贾晓红

出 版 者	中国农业科学技术出版社
	北京市中关村南大街 12 号　邮编：100081
电　　话	（010）82109705（编辑室）　（010）82109703（发行部）
	（010）82109709（读者服务部）
传　　真	（010）82106625
网　　址	http：//www.castp.cn
经 销 者	各地新华书店
印 刷 者	北京富泰印刷有限责任公司
开　　本	889mm ×1 194mm　1/32
印　　张	10.625
字　　数	247 千字
版　　次	2015 年 1 月第 1 版　2015 年 9 月第 2 次印刷
定　　价	28.00 元

《适度规模猪场高效生产技术》
编 委 会

前　　言

　　随着国家对养猪生产扶持政策的实施，以一家一户为主的传统养猪生产逐步向规模化、集约化、标准化方向发展。虽然养猪生产发展势头良好，品种质量显著提高，但也仍存在诸多问题，如猪场选址不科学，场内布局建设不合理，养殖条件落后，饲养管理不规范，兽药滥用，环境污染日益严重，卫生防疫制度不能落到实处，养殖档案不健全，员工素质偏低，发病率高，死亡率高，规模养猪经济效益低等等。这些问题严重影响着养猪生产的健康发展，如何提高生猪养殖场养猪的数量与质量，发展养猪循环经济，实现资源整合重组与农民富裕，改善农民的居住环境，是建设社会主义新农村的重要课题。为此，我们必须探索发展对策，以提高科学养猪水平、养猪生产效率、无害化处理能力、疫病防控能力、猪群抗病能力、生猪及其产品的质量，获得最好的经济效益、社会效益和生态效益，促进养猪生产的可持续健康发展。

　　针对目前绝大多数猪场技术人员缺乏，技术力量差，与养猪规模不协调的现实情况，我们组织了长期从事养猪科研、生产、技术推广的在生产一线工作的专家编写了这本《适度规模猪场高效生产技术》。本书着重考虑如何确定适度规模，如何保证各生长阶段猪的吃、喝、拉、撒、睡、玩，既让猪快乐舒适的生活，又让饲养管理人员轻松愉快的工作，介绍了一些便于实施的操作技巧和方法。

本书按照规模养猪要先行立项，然后进行市场调研、可行性分析论证、投资决策、确定养猪规模、制定发展计划、选址建场、环境影响评价、规划设计、猪场修建、设备选购、种猪引进、饲料配制、饲养管理、环境控制、繁殖配种、疫病防治、粪污处理利用、市场销售、成本核算、人员管理等环节进行了详细介绍。

本书主要观点是：坚持先论证和环评再行规划设计；主张规模要适度，品种要适宜；尽量采用机械化养猪减少人员使用；提倡小单元大圈饲养，全进全出；预防为主，常年监测促免疫；环境友好，冬暖夏凉；粪便干稀分离、沼渣沼液还田；减少浪费，加强管理出效益。

本书分绪论、猪场建设、种猪引进、饲料营养、饲养管理、繁殖配种、经营管理、疫病防治、粪污处理共九个章节。

在编写本书过程中，参考借鉴了国内外一些养猪专家学者比较实用的观点，在此对他们表示诚挚的感谢；另外，我们表达了许多生产实践中遇到的新问题、新体会、新观点。由于作者经历和水平有限，加上时间紧迫，定有不妥之处，敬请批评指正。

编　者

2014 年 7 月于重庆荣昌

目　　录

绪　　论

所谓养猪的适度规模，是指在一定的社会经济条件下，养猪者结合自身的经济实力、生产条件和技术水平，充分利用自身的各种优势，把生产潜能充分发挥出来，以取得最好经济效益的养猪规模。

一、养猪规模的界定

生猪饲养规模是以肉猪饲养头数确定的。根据不同的饲养头数范围，我国的生猪养殖方式分为分散养殖、小规模养殖、中等规模养殖和大规模养殖4种类型。生猪散养与小、中、大规模养殖的划分数量标准以2010年度《全国农产品成本收益资料汇编》中的养殖业规模划分标准为基准。生猪散养是指在一年内平均存栏生猪头数在30头以下包括30头的养殖组织形式，小规模养殖是指在一年内生猪平均存栏头数在30～100头的养殖组织形式，中等规模养殖是指在一年内生猪平均存栏头数在100～1 000头的养殖组织形式，大规模养殖是指在一年内生猪平均存栏头数在1 000头以上的养殖组织形式。

（一）一家一户的传统养猪方式

这种模式主要是靠一家一户自己生产的农产品及其下脚料来养猪。这种传统的小农经济主体规模小，养猪生产的目标决策单一，因过于将市场价格作为其追逐的目标，常表现出一种单一的机会捕捉行为，缺乏生产的持续性。饲养成本核算上基本属于最高的一类，即便是喂饲糠麸折算后也并不低于喂饲全价饲料的成本，这种养猪方式在市场经济条件下是不能给养猪户带来太多经济效益的。

（二）中、小规模养猪户

这种模式通常是在不断扩大规模中逐渐形成的，一般经过多年的饲养，积累了一定的经验，对市场行情有一定的判断能力，在猪群结构的搭配上也比较合理。

（三）大规模养猪企业

这种模式的猪场占地面积大，划分合理的生活区、饲养区、粪污区。在饲料和仔猪成本上都是最低的，无论从饲养技术上、管理上、疫病的防疫上都更能体现优势，对市场行情的准确判断上也优于其他经营模式，抵御市场风险的能力更强，尤其是在仔猪繁育过程中，从环境和技术上更能保证仔猪的成活率。

二、规模养猪的成本结构

（一）生产成本

1. 直接费用

生产成本中直接费用包括购猪费、饲料费及加工费、水电费、燃料动力费、防疫保健费、死亡损失费、技术服务费、维修维护费、其他直接费用等。

2. 间接费用

生猪养殖生产成本中的间接费用包括固定资产折旧费、保险费、管理费、销售费和财务费等。

3. 人工成本

人工成本是指生产过程中直接使用的劳动力的成本。包括雇工费用和家庭用工作价两部分。雇工费用是指因雇佣他人包括临时工和合同工劳动而实际支付的所有费用。短期雇工的雇工费用按照实际支付总额计算，长期雇请的合同工一个月以上按照该雇工平均月工资总额计算。家庭用工作价是指生产中耗费的家庭劳动用工按一定方法和标准折算的成本。家庭用工作价的计算公式为：家庭用工作价＝劳动日工价×家庭用工天数，家庭用工天数＝家庭劳动用工折算成中等劳动力的总劳动小时数÷8小时。

（二）土地成本

土地成本是指生产者为获得用地的经营使用权而实际支付的租金或承包费。成本额按实际支付额计算，承包期内一次性支付租金或承包费的按年限分摊后计入，以自有土地经营的按市场价格折价计入。场地用于多业或多品种经营的租金或承包费应先按各业分摊，养猪业应分摊部分再按产值或饲养数量在各个品种之间分摊。不在承包场地上饲养的品种不要分摊租金或承包费。

（三）环境成本

环境成本指生猪养殖给周围地区的环境造成污染、对农村生产生活环境产生不利影响而产生的成本。生猪饲养过程在创造经济效益的同时也会产生表现为负效益的环境价值，即农业环境资源的消耗。

不同生猪养殖规模成本明细参考表见表1。

表1　不同生猪养殖规模成本明细参考表　　　　　单位：元

项　目	散养	小规模	中规模	大规模	项　目	散养	小规模	中规模	大规模
一、每头直接与间接费用	1071.80	1 116.00	1 185.26	1 217.50	（二）间接费用	17.37	27.17	35.15	53.27
（一）直接费用	1 054.40	1 088.80	1 150.11	1 164.21	1. 固定资产折旧	15.58	21.96	24.59	25.58
1. 购猪费	298.43	310.90	335.01	366.90	2. 保险费	0.19	0.12	0.07	0.04
2. 精饲料费	636.70	677.30	721.69	724.00	3. 管理费	0.09	1.36	3.89	9.96
3. 青粗饲料费	57.92	42.54	26.85	2.07	4. 财务费	0.00	0.82	3.51	13.84

（续表）

项 目	散养	小规模	中规模	大规模	项 目	散养	小规模	中规模	大规模
4. 饲料加工费	13.32	7.06	6.14	1.22	5. 销售费	1.51	2.91	3.09	3 85
5. 水费	1.83	2.49	2.96	3.06	二、每头人工成本	203.68	69.302	46.33	64.78
6. 燃料动力费	13.89	9.93	7.85	12.26	1. 家庭用工折价	203.68	52.3	13.91	0.87
其中：电费	1.35	2.24	2.61	3.34	家庭用工天数	7.93	2.035	0.54	0.03
7. 防疫保健费	7.58	14.16	21.21	25.84	劳动日工价	25.70	25.70	25.70	25.70
8. 死亡损失费	8.37	9.14	16.03	17.55	2. 雇工费用	0.00	17.00	32.42	63.91
9. 技术服务费	0.00	0.49	0.94	1.63	雇工天数	0.00	0.48	0.81	1.53
10. 工具材料费	3.98	3.04	3.99	2.71	雇工工价	30.81	35.42	40.02	41.77
11. 修理维护费	1.03	3.85	3.29	2.68	三、每头土地成本	0.00	3.53	3.31	2.54
12. 其他直接费用	0.48	3.33	0.38	0.67	每头总成本	1 275.49	1 188.79	1 234.90	1 284.83

资料来源：通过调研整理数据计算而得

三、我国规模化养猪的现状与特点

（一）现状

我国是世界养猪大国，具有悠久的生猪饲养和消费历史。改革开放三十多年来，我国畜牧业生产保持了持续快速的发展。随着畜牧业生产结构的调整，养猪业也保持了稳定的增长。2013年，针对新的产业形势与问题，中央和地方政府陆续出台了一系列政策、规定、措施，保障生猪产业健康发展。如农业部出台了《2013 年畜牧业工作要点》《关于稳定生猪生产的意见》《建立病死猪无害化处理长效机制试点方案》《2013 年畜牧良种补贴项目实施指导意见》等。2012 年全国肉猪出栏头数达到 69 789.5 万头，生猪存栏达到 47 592.2 万头，猪肉在全国肉类总产量中的比例占到 62.4%。我国生猪存栏数超过了世界总存栏量的一半，肉猪出栏量和猪肉产量基本占到世界总量的 50%，猪肉比重比世界平均水平高近 28 个百分点。由此看出，猪肉不仅是我国肉类生产的主体，是城乡居民肉食消费的主体，在世界猪肉生产中也占有举足轻重的地位。

四川、湖南、湖北、广东、山东、江西、安徽、江苏、河南、广西壮族自治区（以下简称广西）及河北是我国生猪主产区，生猪年出栏数和猪肉产量均占到全国总量的 60% ~ 70%。2012 年生猪年出栏在 4 000 万头的有四川、湖南、湖北、山东和河南省；年出栏生猪在 2 000 万 ~ 4 000 万头的有河北、辽宁、江苏、安徽、江西、福建、广东、广西、重庆、云南 10 个省（区、市）。2011 年、2012 年我国各省、市、自治区生猪生产情况见表 2。

表 2　2011 年、2012 年我国各省、市、自治区生猪生产情况

单位：万头

省（区）	2011 年				2012 年			
	出栏	增幅（%）	年末存栏	增幅（%）	出栏	增幅（%）	年末存栏	增幅（%）
北京	312.2	0.13	179.3	-2.11	306.1	-1.95	187.4	4.30
天津	352.7	-1.54	191.3	2.33	374.2	6.10	193.7	1.28
河北	3 235.8	-2.62	1 885.2	2.12	3 396.7	4.97	1 847.5	-2.04
山西	672.1	-1.74	446.1	-6.04	723.9	7.70	473.8	5.84
内蒙古	905.1	-0.96	684.2	-0.03	940.4	3.90	693.8	1.38
辽宁	2 652.1	-1.14	1 585.4	1.14	2 728.5	2.88	1 592.6	0.45
吉林	1 480.2	1.76	989.3	0.27	1 625.3	9.80	1 001.2	1.19
黑龙江	1 635.9	2.13	1367.9	0.52	1 765.2	7.90	1 381.6	0.99
上海	267.0	0.38	180.7	5.09	257.2	-3.66	178.8	-1.06
江苏	2 878.2	1.10	1 745.5	0.98	3 043.1	5.73	1 775.2	1.67
浙江	1 929.9	0.40	1 281.9	2.69	1 934.4	0.23	1 338.3	4.21
安徽	2 721.1	-2.19	1 467.3	1.72	2 927.6	7.59	1 555.2	5.65

（续表）

省 （区）	2011 年				2012 年			
	出栏	增幅 （％）	年末 存栏	增幅 （％）	出栏	增幅 （％）	年末 存栏	增幅 （％）
福建	1 950.4	-0.66	1 297.8	1.98	2 069.1	6.08	1 340.9	3.21
江西	2 884.8	1.32	1 570.5	1.93	3 050.6	5.75	1 645.9	4.58
山东	4 234.2	-1.55	2 837.1	3.26	4 599.9	8.63	2 902.4	2.25
河南	5 361.2	-0.54	4 569.0	0.48	5 711.3	6.53	4 587.3	0.40
湖北	3 871.4	1.15	2 533.1	2.30	4 180.8	7.99	2 543.2	0.40
湖南	5 575.9	-2.58	4 158.2	2.80	5 878.8	5.43	4 245.5	2.06
广东	3 664.1	-1.82	2 300.6	2.10	3 736.2	1.97	2 256.6	-1.95
广西	3 195.1	-1.08	2 412.0	2.90	3 342.1	4.60	2 466.6	2.21
海南	513.7	1.59	416.5	0.80	580.9	13.07	438.6	5.03
重庆	2 020.9	0.52	1 540.6	-1.11	2 050.8	1.48	1 524.3	-1.07
四川	7 002.6	-2.45	5 101.8	-1.09	7 170.7	2.40	5132.4	0.60
贵州	1 689.7	0.06	1 521.6	-5.86	1 734.8	2.67	1 604.1	5.14
云南	2 964.7	0.10	2 689.8	-2.78	3 180.1	7.27	2 708.6	0.70
西藏	16.4	9.33	32.3	9.12	17.7	8.10	34.4	6.10
陕西	1 063.7	-4.30	880.0	-0.50	1 127.9	6.04	900.2	2.25
甘肃	633.1	-0.89	560.3	-1.22	672.3	6.19	590.7	5.15
青海	130.2	-0.94	115.2	1.77	132.1	1.50	116.7	1.27
宁夏	99.7	-16.93	68.3	-7.31	103.3	3.67	69.5	1.64
新疆	256.1	-2.51	158.2	-8.02	427.6	66.97	265.4	40.40

中国 2013/2014 生猪发展指数见表3。

表3　中国2013/2014生猪发展指数

全国母猪繁殖指数		15.44	
指　数	影响因子	良繁指数	调节指数
安　徽	4.0698	3.2868	0.1961
北　京	0.4249	0.3907	0.0808
重　庆	2.7950	3.1379	− 0.1213
福　建	2.7510	2.7362	0.0053
甘　肃	1.1189	1.3139	− 0.1940
广　东	5.0674	4.7101	0.0710
广　西	4.6512	5.1236	− 0.1017
贵　州	2.4619	3.3287	− 0.3521
海　南	0.8138	0.9051	− 0.1113
河　北	4.7530	3.9224	0.1791
河　南	7.8420	9.3525	− 0.1875
黑龙江	2.4142	2.8412	− 0.1744
湖　北	5.8843	5.3012	0.0996
湖　南	7.7310	8.6557	− 0.1166
吉　林	2.2427	2.0776	0.0736
江　苏	6.3569	4.2635	0.3734
江　西	4.7727	3.7492	0.2358
辽　宁	3.7126	3.3379	0.1021
内蒙古自治区	2.4923	1.9337	0.3015
宁夏回族自治区	0.1372	0.1510	− 0.1073
青　海	0.2313	0.2465	− 0.0673
山　东	6.4854	6.0529	0.0671
山　西	1.0945	1.0127	0.0775
陕　西	1.5421	1.8656	− 0.2094

（续表）

全国母猪繁殖指数		15.44	
指　数	影响因子	良繁指数	调节指数
上　海	0.4327	0.4090	0.0617
四　川	9.6552	10.5172	−0.0877
天　津	0.5231	0.4095	0.2212
西　藏	0.0238	0.0714	−2.0015
新疆维吾尔自治区	0.5745	0.5507	0.0414
云　南	4.4659	5.6207	−0.2586
浙　江	2.4786	2.7249	−0.0967
台、港、澳	—	—	—

注：中国生猪发展指数只是猪业联盟的研究成果，指数大小不代表各省市自治区在我国生猪产业发展进程中所做的贡献大小，请读者在引用时加以标注说明

全国母猪繁殖指数：指每头能繁母猪每年提供有效出栏商品猪头数，反映母猪的繁殖力水平和生猪养殖过程中的死淘率高低。

影响因子：指当年与跨年度提供商品猪的能力，反映生猪生产大省的地位。

良繁指数：指当年自繁自养与跨年度供种能力，反映生猪生产强省的地位。

调节指数：指仔猪或生长猪输入或输出的调节力度，反映仔猪或生长猪的调节流向；当指数为正值时为净流入，当指数为负值时为净流出。

我国2013—2014年全国母猪繁殖指数为15.44，创下历史新高，比2012—2013年的14.93高出0.51。除显示能繁母猪繁殖水平提高外，养殖过程中猪的死淘率也明显降低，提高了有效出

栏商品猪，约比 2012 年多出栏生猪 3 000 万头，要比全国预报的 7.1557 亿头高 1.5% 左右。这些出栏猪已经超越了政府调控能力范围，要靠市场逐步消化，从而影响 2014 年整个上半年的生猪市场。另一方面，死淘率低反映出猪病防控有成效。

将影响因子按照从大到小排列，其前 15 位的省份如表 4 所示。四川、河南、湖南、山东和江苏为前 5 位，安徽位居第 12 位。和 2012—2013 年度相比，江苏由第 11 位跃迁到第 5 位，发展势头迅猛，江西也前进了 2 位，云南后退 2 位，其他省市位次格局基本保持不变。

表 4　影响因子较大的 15 个省市

省　市	影响因子	省　市	影响因子	省　市	影响因子
四　川	9.6552	湖　北	5.8843	云　南	4.4659
河　南	7.8420	广　东	5.0674	安　徽	4.0698
湖　南	7.7310	江　西	4.7727	辽　宁	3.7126
山　东	6.4854	河　北	4.7530	重　庆	2.7950
江　苏	6.3569	广　西	4.6512	福　建	2.7510

值得注意的是，四川、河南和湖南的影响因子有不同幅度的降低，表明其他省市的生猪产业也得到大幅提升，尤其内蒙古自治区的影响因子比 2012—2013 年度提高了 1.15，发展势头加快。

良繁指数按大小排列，其前 15 位的省份如表 5 所示。四川、河南、湖南、山东和云南为前 5 位，重庆市位居第 15 位。与 2012—2013 年度相比，各省市格局基本保持不变。

表 5　生猪良繁指数较大的 15 个省、市、区

省　市	良繁指数	省　市	良繁指数	省　市	良繁指数
四　川	10.5172	湖　北	5.3012	江　西	3.7492

（续表）

省　市	良繁指数	省　市	良繁指数	省　市	良繁指数
河　南	9.3525	广　西	5.1236	辽　宁	3.3379
湖　南	8.6557	广　东	4.7101	贵　州	3.3287
山　东	6.0529	江　苏	4.2635	安　徽	3.2868
云　南	5.6207	河　北	3.9224	重　庆	3.1379

云南省影响因子位于第 11 位，而良繁指数却位于第 5 位，表明云南省超强的良种繁育能力，而该省生猪肥育出栏能力不足，可能会导致仔猪或生长猪大量输出。值得一提的是，2013 年从国外引种的省份，其良繁指数在一定程度上得到提升。

位于全国仔猪或生长猪输入的前 8 位省区见表 6。江苏、内蒙古自治区（以下简称内蒙古）和江西省大量输入仔猪或生长猪可能是其影响因子提升的一个主要因素。湖北、河北以及安徽也是良繁能力不足，需要从外输入，保持较高的影响因子。贵州、云南、河南、湖南、四川以及我国西部省份是其主要的提供者。和 2012/2013 年度相比，新疆维吾尔自治区（以下简称新疆）的输出大幅减少，显示自繁自养能力大幅加强。从猪流向分布可以看出，华东和华北地区猪群的防疫压力加重，猪业生产的风险及成本加大。

表 6　全国主要生猪输入和输出省、市、区的调节指数

省　份	调节指数	省　份	调节指数	省　份	调节指数
江　苏	0.3734	四　川	-0.0877	海　南	-0.1113
内蒙古	0.3015	河　南	-0.1875	浙　江	-0.0967
江　西	0.2358	湖　南	-0.1166	黑龙江	-0.1744
天　津	0.2212	云　南	-0.2586	青　海	-0.0673

省　份	调节指数	省　份	调节指数	省　份	调节指数
安　徽	0.1961	广　西	-0.1017	甘　肃	-0.1940
河　北	0.1791	贵　州	-0.3521	陕　西	-0.2094
辽　宁	0.1021	重　庆	-0.1213	西　藏*	-2.0015
湖　北	0.0996	宁　夏*	-0.1073		

　　*：宁夏回族自治区简称宁夏；西藏自治区简称西藏。下同

　　（二）特点

　　1. 现阶段我国生猪仍以散养为主

　　长期以来，我国生猪养殖模式以散养为主，2009 年年出栏 1~49 头的养殖户出栏生猪量为 3.4 亿头，占全国生猪出栏总量的 38.7%。生猪出栏 50~99 头、100~499 头和 500~2 999 头规模的养殖户出栏生猪量也相对偏高，2009 年分别达到 1.14 亿头、1.47 亿头和 1.55 亿头，分别占出栏总量的 12.9%、16.7% 和 17.6%。

　　2. 散养生猪出栏量及其占比持续下滑

　　过去数年，我国散养生猪出栏量持续下滑，而其他养殖规模的生猪年出栏量成倍提升。2002—2009 年散养出栏生猪量由 4.44 亿头下滑至 3.41 亿头，占出栏总量的比重由 72.8% 下降至 38.7%。与此同时，生猪出栏 50~99 头规模的养殖户出栏生猪量由 5 364 万头上升至 1.14 亿头，占比由 8.8% 上升至 12.9%；100~499 头规模出栏生猪量由 5 165 万头提升至 1.47 亿头，占比由 8.5% 提升至 16.7%；500~2 999 头规模的养殖户出栏生猪量由 2 936 万头大幅攀升至 1.55 亿头，占比由 4.8% 上升至 17.6%；3 000~9 999 头规模的养殖户出栏生猪量由 1 643 万头上升至 7 067 万头，占比由 2.7% 提升至 8.0%；10 000~49 999 头规模的

养殖户出栏生猪量由 1284 万头提升至 4571 万头，占比由 2.1%提升至 5.2%；5 万头以上规模的养殖户出栏生猪量由 206 万头提升至 731 万头，占比由 0.3%提升至 0.8%。

3. 规模化生产仍处于较低水平

我国生猪养殖行业以散养为主，规模化程度较低，具有小农生产特点。近年来，我国生猪养殖规模化程度有一定发展。2005年，年出栏 50 头以上的生猪养殖户出栏生猪 2.34 亿头，占全国生猪总数的 38%，2008 年这个数字是 3.11 亿头，占全国出栏生猪总数的 51%，农户散养比例首次跌破 50%，2009 年占比 61%。然而目前我国生猪养殖场规模普遍偏小。2009 年年出栏 5 万头以上的规模化猪场出栏量仅占全国生猪出栏总量的 0.83%，美国占比 55%。年出栏 50 头以上的猪场出栏比重为 61%，美国是99%。食品安全以及下游肉制品企业快速规模化促进生猪规模化程度与居民日益重视的食品安全矛盾日益突出。散养情况下，猪肉质量无法保证，生猪养殖中瘦肉精、抗生素、消毒药滥用难以控制。震惊全国的双汇瘦肉精事件就是发生在散养农户中。同时与下游肉制品企业快速规模化也构成一定矛盾。生猪养殖的下游肉制品加工企业规模化程度远远高于上游的生猪养殖企业。截至2009 年，国内养殖出栏量 100 万头以上的企业占全国比率不足0.5%。而 2008 年生猪屠宰量在 100 万头以上的企业屠宰量占全国 9%以上。生猪产业的上下游矛盾导致屠宰企业只能大量采购质量无法保证的散养和中小养殖场出栏生猪。

4. 猪周期

1994 年我国建立畜产品及相关生产资料价格统计报表至今，生猪价格经历了 5 个谷底，4 个完整周期。生猪价格以 3~4 年一个周期上下波动。1995—2011 年我国生猪价格经历了 4 个完整周

期，最短 36 个月，最长 48 个月。其中，最大一波上涨出现在
2006 年 5 月至 2008 年 4 月，这是能繁母猪存栏量下降和玉米价
格攀升共同作用的结果。出现猪周期的原因一是生猪生产产量不
稳定。生猪生产没有与工业化、城市化同步。一方面中国用地、
劳力、资金急剧向工业和城市流动，生猪发展速度减缓；另一方
面居民收入快速增加，农村人口大量涌进城市，猪肉需求急剧上
升。特别是受比较效益低、疫病难控制及市场风险大等影响，生
猪生产产量起伏不定。二是标准化规模饲养程度低。在生猪价格
历次波动中，散养户缺乏准确的市场信息和预测能力，只能随生
猪价格的涨跌，或盲目扩张生产，或恐慌性退出生产。2011 年农
业部对全国 2000 个养猪村的定点监测，养猪户占所有农户的比
重为 22.74%，仍占不小比例。三是疾病危害加剧产业波动。如，
2006 年下半年以来，部分生猪主产省暴发猪蓝耳病疫情，除生猪
直接死亡损失外，还导致患病母猪流产或死胎。又如，2010 年冬
季到 2011 年春季，一些省区发生仔猪流行性腹泻，个别养殖场
小猪死亡率高达 50%。疾病导致供应减少，大大推动猪肉价格上
涨。四是信息监测预警调控滞后。由于生产分散、单位众多，难
以普查，抽检，存在着统计数据不准的问题。加之生产者和地方
政府出于税收、疫病信息、政策红利等自身利益因素，工作合力
不强，没有建立灵敏的监测预警机制，以销定产难度大。五是生
猪生长周期性影响。生猪生产具有周期较长、途中难改变的特
性。散养户以当年市场价格为标准预期未来收益，陷入"蛛网困
境"，生产计划赶不上变化，产量赶不上市场变动的节奏。以
2011 年猪肉价格上涨为例，既有疫情导致能繁母猪存栏量下降、
散养户退出的原因，也有饲料、人工、仔猪等成本迅猛上涨的
因素。

5. 科技含量偏低，各地区发展水平差异较大

在我国的生猪养殖行业中，不管是城市郊区的集约化养殖，还是总体数量较大的农户散养和专业户饲养，均难以创造明显的经济效益。养殖规模越大越亏本的现象在我国时有发生，其根本原因在于我国生猪养殖行业的科技水平较低。我国虽然是猪肉生产大国，但与生猪养殖行业发达的欧美国家相比，在很多方面仍然存在较大的差距，而这些差距可从揭示经济效益指标的差异直接反映出来。此外，我国生猪养殖行业在各地区的发展水平亦有较大差异。

（1）生猪养殖未向养殖大省集中　2010 年我国生猪出栏排名前十位的省份依次为四川、湖南、河南、山东、湖北、广东、广西、河北、云南、江西。这 10 个省份生猪出栏量占全国比重达到 63.6%，2004 年该比重为 66.0%；前 4 名仍依次为四川、湖南、河南和山东，这 4 个省份生猪出栏量占全国比重为 33.9%，较 2004 年 35.8%的占比小幅下滑。2004—2010 年，各主要省份生猪出栏集中度并未提升，反而出现小幅下滑。

（2）各地生猪养殖规模迥异　目前，我国各地区生猪养殖规模仍以年出栏数 1～49 头为主，并不因出栏量的提升而不同。四川和湖南散养比重分别高达 56.5%和 37.8%。广东、福建、浙江、上海、河南、天津、北京、黑龙江和新疆的规模化程度相对较高。其中，上海规模 10 000～49 999 头年出栏生猪占比高达 38.3%，是生猪养猪规模化程度最高的地区。

6. 种质资源的多样性与利用程度严重不符

我国是世界上猪品种资源最丰富的国家。联合国粮农组织家畜遗传多样性信息系统收录的中国地方猪品种为 128 个，而现保存完好的地方品种约在 50 个。中国地方品种具有许多独特的种质特性，最突出的特点就是肉质优、繁殖力和耐粗性强、抗逆性好。我国地方猪种主要以维持现状的方式而保存着，种质利用力度明显不够。从客观上讲，地方品种的生产类型不适宜商业化生产是地方猪种种质利用不够的主要原因，多数地方品种和国外瘦肉型猪相比，表现出育肥期长、瘦肉率低的缺点。而品种杂交生产出的绝大多数产品在生产效益和产品质量方面均无法与国外公司的纯种扩繁和配套系产品相抗衡。尽管我国拥有丰富的地方品种资源，但对地方品种种质的利用程度还远远不够，种质资源多样性与利用程度严重不符。

（三）存在的问题

1. 生猪生产的规模化、组织化程度较低

目前，我国生猪生产规模化程度依然较低。2010年美国年出栏5 000头以上的养殖场所生产的生猪占总量的62%，而我国占比只有9%。分散化的养殖模式导致我国生猪饲养条件相对较差，养殖技术和生产效率远低于世界发达国家水平。其中，疾病控制、养殖环境是我国与发达国家差距最大，也是制约我国养猪生产水平的主要因素。2010年我国每头能繁母猪提供的商品猪为13.58头，全程死亡率超过20%，远低于养猪发达国家能繁母猪年提供22头以上的水平（丹麦超过25头）。如果我国每头能繁母猪提供的商品猪为18头，则我国可以少养能繁母猪1 200万头，可节约饲料1 400万吨；如果每头能繁母猪提供的商品猪为20头，则我国可以少养能繁母猪1575万头，可节约饲料1 800万吨。

2. 生猪流通体系引导生猪生产、分散养殖风险的功能不强

（1）我国生猪流通主体的组织化程度低，营销规模小、效率低　从全国范围看，每个县市都活跃着一批从事生猪交易的猪贩

子和经纪人。由于我国农民专业合作组织的发展起步较晚，这些农村经纪人和猪贩子是目前承担生猪购销的主要力量。小规模的猪贩子每天贩运量在几十头以内，收猪范围一般为本县甚至本镇；中等规模的猪贩子每天贩运量在100~200头，收猪范围一般为本县甚至本市，他们一般是为大中城市定点屠宰企业收购生猪；大型猪贩子每天贩运量在200头以上，收猪范围不固定，且在每个省市都有经纪人，这些大型猪贩一般为大中城市的大型屠宰企业服务。受资金及市场风险的限制，猪贩子的经营规模不会太大，并不能形成稳定的、规模化的生猪供应链条。

（2）生猪流通环节较多，生猪养殖户在市场交易中的谈判能力较低，无法分享流通环节的利润　目前，生猪交易一般经历经纪人、小规模的猪贩子、大规模猪贩子之间、屠宰企业之间交易等3~4个环节。尽管生猪经销商的出现降低了生猪养殖业与屠宰业之间直接交易的成本，但由于猪贩子与生产者之间是一种买断关系，如此之多的交易环节也摊薄了养殖户的利润。

（3）生猪交易方式单一，尚未建立期货市场机制，市场缺乏分散风险和引导生猪生产的功能　我国生猪交易主要是现货交易，中远期交易尚在起步阶段，生猪期货市场尚未建立。在现货交易模式下，市场价格是近期价格，而非远期价格，因此并不能反映远期的生猪供需状况。生猪养殖者无法对未来生猪供求做出合理预期，也就无法合理调整养殖规模和饲养周期。在蛛网效应的作用下，价格波动无法避免。缺乏期货市场，养猪户和肉类加工企业就无法利用套期保值机制回避和分散生猪及猪肉价格波动风险，政府调节生猪市场供应、提高宏观调控方面也无法获得一个比较有效的价格信号。

3. 生猪屠宰行业问题多

屠宰是畜产品到肉产品的转折点，是肉类产品流通的开始，也是肉类安全的重要关口。自 1998 年我国实施《生猪屠宰管理条例》以来，生猪屠宰行业产业集中度、屠宰业规模化程度不断提高，同时也暴露出一些突出的矛盾和问题。

（1）技术装备水平落后，产品同质化比较严重　目前，国内的屠宰企业仅仅有 2% 采用现代化方式（即基于全程温度管理和可追溯体系下的机械化流水作业）进行生产；15% 的企业采用的是简单的机械化生产；80% 以上的企业还处于半机械化、手工生产阶段。由于这些半机械化或简单机械化的屠宰企业的生产方式比较落后，多数只能从事生猪代宰业务（屠宰企业将客户送来的活猪经过传统的屠宰方式加工成白条猪或分割肉，交付给猪肉批发商，由批发商用汽车或摩托车运走，每头收取固定的代宰费）。这种代宰性质决定了冷藏、冷冻设施基本派不上用场，同时也使后续的运输卫生问题无法得到有效监管。在这种模式下，猪肉质量的最终责任人是猪肉经销商，代宰企业缺乏对生猪质量把关的动力。有些企业为赚取更多的代宰费，甚至会按照经销商的要求，对生猪宰前注水，乃至代宰一些病猪、死猪或淘汰的母猪，致使不达标的猪肉流入市场。

（2）屠宰行业需要营造公平的市场环境　定点屠宰虽然提高了猪肉的质量，但也在一定程度上助推了行业垄断现象，滋生了地方保护主义。据了解，全国至少 20 个省（市）的猪肉行业都曾出现过垄断，其中，17 个省（市）存在暴力垄断事件。相对于生猪饲养个体和猪肉零售个体，屠宰企业掌握着更多甚至是绝对的流通话语权，代宰企业往往会利用垄断优势，抬高代宰费用，导致猪肉价格上涨，严重损害消费者的利益。

4. 猪肉批发市场和农贸市场问题多

猪肉批发市场和农贸市场是猪肉流通的主渠道，其问题主要如下。

（1）猪肉批发市场的配套设施亟待完善　我国多数猪肉批发市场基础设施比较简陋，存在交易环境差、通风采光不足、经营设施不配套、交通拥挤等问题，尤其缺乏空调保鲜库、恒温库、冷冻冷藏库、冷藏运输工具等基础设施，导致猪肉批发交易过程中过早出现了冷链"断链"现象。批发市场也是病死、注水、未经检验检疫猪肉进入流通的关键环节，监督检查稍有放松，就可能导致有害猪肉进入市场。另外，我国大多数猪肉批发市场交易方式仍以对手交易为主，采用现钞结算，信息化水平比较落后，在猪肉批发市场交易次数频繁、交易量大、管理繁琐的情况下，这种交易和结算方式需要大量的时间和人力、物力，运行效率比较低，不利于建设猪肉安全追溯体系。

（2）大量农贸市场亟待改造升级，而改造后的市场又需要解决高摊位费的问题　如何升级改造农贸市场老化，同时又要抑制摊位租金，使其不致过高，是目前迫切需要解决的问题。

5. 选址不科学，布局不合理，养殖条件落后

由于受土地审批和资金紧缺等因素的影响，部分养猪场存在建场选址不科学的问题：一是有的猪场选址过于靠近乡村，二是有的猪场选址过于靠近学校，三是有的猪场选址过于靠近公路、溪河，四是有的猪场选址过于靠近城镇、工厂等，五是有的猪场是利用闲房建立或改造而成。这些地方没有足够的耕地、农田、果园、鱼塘消纳粪便。弊端很多，令人担忧。有部分养猪场存在场区规划布局不合理的问题：一是有的猪场没有根据当地全年主导风向设置各功能区；二是有的猪场各功能区没有围墙隔开；三

是有的猪场大门口处、生产区入口处、每幢猪舍门口处没有设置消毒池；四是有的猪场没有建立废弃物无害化处理设施设备；五是有的猪场在一个有限的范围内建有产仔舍、保育舍、育成舍、育肥舍、母猪舍、公猪舍等，区分不明显；六是有的个别猪场没有筑造围墙；七是有的猪场进入生产区没有消毒通道。猪场布局建设凌乱，不符合动物防疫条件。我国养猪业的规模化、标准化程度低，绝大多数是以一家一户和分散饲养或小规模饲养为主。当前突出的问题是养殖设施简陋、养殖环境恶劣、饲养管理粗放、饲养密度大、防疫条件差、消毒工作跟不上，各种病原微生物易在外界环境中传播，引起猪病的频繁发生。小规模猪场之间的距离、小规模猪场与散养户之间的距离较近，养殖处于脏、乱、差的环境之中，造成病原微生物在场与场之间、场与户之间的循环性和持续性污染。这是近几年来猪场疫病难以控制的最主要因素。

6. 饲养管理、经营方式不规范

有部分养猪场没有品牌意识、没有制定产、供、销一条龙模式。部分管理人员不掌握国家关于饲料及饲料添加剂等的使用、规定，随意使用国家禁用、停用的饲料添加剂、假劣饲料；部分饲养员给猪群饲喂发霉变质饲料，引起猪只饲料中毒死亡现象的发生。部分养猪场业主缺乏应有的饲养管理专业知识和经验，在饲养管理过程中不能完全做到"自繁自养"和"全进全出"制；有部分养猪场业主没有为猪群提供适宜的环境温度、湿度、合理的饲养密度和运动空间，未能做好夏天防暑降温，冬天防寒保暖工作；在防鼠、防虫和圈舍卫生上措施不到位，为猪群疫病的发生埋下隐患。经营方式不规范，防疫工作难以落实。目前，养猪生产发展态势良好，养猪场大、中、小生产经营主体多元化，尤其是小规模场、猪禽混养场，因其没有按标准组织生产、没有执行卫生防疫制度和没有搞好生物安全体系防控与制度建设，致使猪场防疫工作难以规范化、制度化，给防疫工作计划的落实带来一定的困难。

7. 滥用兽药，消毒意识淡薄

有些养猪场广泛地在猪饲料中任意添加兽药供猪群长期食用和过量使用兽药给患病猪群治病，这直接导致细菌耐药性增强。有的养猪场疫苗超量接种，比常量高5~6倍，抗细菌药物和抗病毒药物超剂量使用，滥用违禁药物，不执行药物休药期规定，造成生猪产品药残超标，直接影响猪肉产品的质量、出口和消费者的身体健康。有部分养猪场由于消毒意识淡薄，认为消毒与不消毒一个样，根本没有按程序进行消毒，或不按说明书的要求稀释消毒液或消毒次数不够或随便消毒。有的养猪场为降低饲养成本，贪图便宜购买低效消毒剂对圈舍、饲养环境、饲养用具、道路等进行简单消毒。但由于消毒液浓度不够，消毒不彻底，消毒效果差，故不能有效地杀灭饲养环境中的病原微生物，导致病原微生物在养猪场内长期存在，这样的养猪场往往疫病连绵不绝。造成养猪场业主消毒意识淡薄的原因是因为消毒的效益是潜在的，养猪场业主未能看到消毒的直接效益。

8. 病死猪无害化处理不严

无害化处理不严，给病原微生物创造存活繁殖的机会。据了解，有部分养猪场业主对无害化处理概念非常淡薄、认识不高，舍不得将病死猪做销毁处理，而是廉价卖给不法商贩加工成烧猪、腊肉、腊肠等。此做法不仅坑害消费者，而且造成病原微生物的传播扩散，同时造成养猪场周围环境被严重污染，这对下一批乃至以后猪群的健康养殖构成极大的威胁。还有的养猪场业主将患病猪只调往外地、或上市交易、或屠宰后销售、或乱扔乱抛、或弃之河塘池旁等，加之环境消毒不彻底，致使某种疫病的病原微生物到处散布，这为猪疫病的发生提供"温床"，引发的却是某种疫病的持续性发生或周期性出现。

9. 环境污染日益严重

目前，养猪业发展迅速，但由于资金投入不足，设备、技术落后和部分养猪场业主环保意识低下等原因，约80%的规模猪场没有粪污物、污水处理设施，粪便未经处理直接农用或露天堆放，污水未经处理就排入附近河流或渗入地下，污染地下水、地面水、空气和土壤。给周边群众带来了不同程度的危害，同时对环境、资源、生态造成了日益明显的压力和影响。养猪场的环境污染问题，不但严重制约了行业的发展，而且直接影响了生态效益和社会效益，影响人们的生存环境和生活质量的提高，这些存在的问题已成为发展养猪业急需解决的重要问题。

10. 卫生防疫制度不健全，多种疫病混合感染和继发感染的危害日趋严重

有部分养猪场（小规模场）的业主既是管理人员又是兽医技术人员，管理机制不健全；有部分养猪场对患病猪只未能及时隔离，习惯往返于猪舍治疗；有部分养猪场每个生产单元没有固定的饲养人员和固定的生产用具；有部分养猪场的饲养人员进入生产区没有更换已消毒的工作服、帽、靴；有部分养猪场没有消毒制度、疫情报告制度、疫病监测制度和无害化处理制度；有部分猪场的执业兽医还对外开展动物诊疗服务；有部分养猪场没有废弃物无害化处理设施设备；有部分养猪场在场区饲养猫、犬等动物。卫生防疫制度不健全，不仅造成疫病的传播，而且给疫病的防控带来困难和压力。当前，养猪生产疫病并发感染和继发感染不断增加，危害日趋严重，间接损失增大。猪群发病常常是两种以上的病原微生物相互协同作用所致。如猪伪狂犬病、猪细小病毒病、支原体肺炎的并发感染或继发感染；猪圆环病毒病、猪细小病毒病、放线杆菌胸膜肺炎的并发感染或继发感染；猪圆环病毒病或猪蓝耳病跟其他条件性病原微生物并发感染，发生呼吸道病综合征。由于多种病原微生物能相互促进病情的发展，令患病猪只的临床症状和病理变化复杂化，使疫病发生之后陷入高耗低效的困境，给兽医临床上的诊断与治疗工作带来一定的困难。

11. 员工素质偏低

据调查，在大规模、中等规模养猪场中，中专以上学历的专业技术人员占较小比例，而大部分饲养员是从农村招的中、小学毕业生。小规模养猪场饲养员一般都没有系统学习过畜牧专业知识，甚至养殖培训班也没有参加过，他们仅有小学或初中文化程度，对科学养猪一窍不通。总之，养猪场员工素质普遍偏低，对科学养猪知识掌握得不多，专业化程度低，技术水平不高，在生产过程中灵活性差、生搬硬套等，是当前生猪规模养殖场普遍存在的问题。

12. 养殖档案不健全

有部分养猪场各项制度不太完善，均出于习惯，不愿做养殖记录，怕麻烦，没有养殖档案；有部分养猪场有记录生产、免疫、用药、用料、消毒、无害化处理等生产环节中的变动情况，但不够详细规范，影响对猪病的进一步诊断、分析，猪肉产品质量安全不受保障，实施可追溯制度落不到实处。

四、制约我国规模化养猪的主要因素

(一) 自然资源的限制性

其实地球上所有的资源都是有限的，土地、水、能源等都可以看作是养殖业必须依赖的自然资源。以一个年出栏万头猪场（自繁自养）为例，存栏的猪只需要的饮水就不是小数，如果全部是干清粪的简单工艺，则每日就需要水 25 ~ 30 吨，猪场总需水量最低也要在 100 ~ 120 吨/天；如果是漏缝地板、水流冲洗的清除粪便办法，那么需要的水大概就是上述指标的 5 ~ 8 倍。再以养殖场选址来说，一般都必须离城镇、主要交通道路等至少 1 千米以上；距离水源地、食品厂、风景名胜区 1.5 千米以上。实际上要选择一个这样的地方建猪场已经是比较困难的，目前在大部分农区已有村村相连的趋势。如果选择太偏远的地方，则道路、水电供给往往又是问题。所以，自然资源条件的限制是第一约束因子，不可盲目追求"大规模"。

(二) 废弃物排放的环境压力

养猪场的废弃物包括：猪的粪便，采食、饲喂的废弃垃圾，冲洗猪舍、场地的污水，养殖场人工生活垃圾，还有病死动物的处理物等。一般小的养猪场不会对环境造成破坏性影响，动物粪便、污水是很好的有机肥料，就是经过处理的病死猪也可以作为化工原料。但如果规模太大，仅排出去的污水就会造成极大的环境压力。例如，体重 80 千克的猪平均每天排放粪尿 6.7 千克。有人估算，一个存栏万头的肥育猪场，日排粪尿污水量 100 吨，相当于一个 5 万 ~ 8 万人的城镇生活废弃物。不难设想，这些污水如果没有很好地处理方法，其对周围环境的影响是不言而喻的。据水利部统计，截至去年，全国年缺水量达 400 亿立方米，近 2/3 的城市存在不同程度的缺水。2009 年全国城镇污水排放量在 400 多亿立方米，累计处理量只有 279 亿立方米，这种差距特别体现在小城镇。据 2008 年的第三届中国城镇水务发展国际研讨会上有关专家指出的，我国小城镇污水处理设施严重滞后，约 95% 以上的小城镇未建设污水处理设施，生活污水处理率不足 1%，90% 以上小城镇的水体环境均受到不同程度的污染。如今广泛提倡生态养殖，就是要把养殖业纳入生态环境的有效利用与保护的范畴，同时重点强调养殖的经济效益和长远的生态效益。所以，对环境的有效利用和可持续发展是必须重视的问题。

（三）猪群疫病的防控压力

疫病防治关系到养殖的技术水平、产品质量以及综合效益问题。因此，几乎所有的养猪场，都把防疫作为第一要务来抓。特别是较大规模养殖时，猪群密度大，不同生理状态的猪群之间流转频繁，所以猪群内部的疫病防控压力会更大。在养猪业中用于疫病防治的费用虽然远低于饲料和人工费用，但如果出现大的疫病，则会给整个养殖场带来灭顶之灾。众所周知的 2009 年暴发于墨西哥的猪流感，与其恶劣的养殖条件和环境有密切的关系。因此，适当的养殖规模既可以减少疫病防治的费用，又可以回避可能的风险。

（四）养猪场流程管理与效益控制

这一点往往被人们所忽视，认为规模大就一定效益大。其实，养猪的规模效益受许多因素的制约。譬如，养殖的猪品种及其配套技术，养猪场建设的固定成本与可变成本关系，管理流程（指人员、动物、物资流转程序）设计的合理性，饲养管理人员的技术水平等。这些都可能因为规模过大造成效益的低下，甚至亏本。在没有足够的技术准备和相关的人员准备的条件下，更不宜于追求"大规模"。

（五）物资（饲料）供给的限制性

一般而言，饲料成本占到养猪成本的 60% ~ 70%，所以规模养猪场的饲料供给应以自给自足为好。但是，配合饲料的原料采集、生产与运输又是一个不得不考虑的重要因素。以 300 头基础母猪的养殖场为例，每日需要的各类饲料（干物质计）就需要4 ~ 5 吨。如果自己办饲料厂，众多的原料采购就有相当的难度，另外还须有严格的生产和足够的库存；如果完全外购配合饲料，则养殖利润所剩无几。所以，较大规模的养殖场必须解决饲料的供给问题。只有饲料供给的平衡与充足，才能保证猪的正常的营养供给，才能保证养猪场的正常生产与经营。目前，除了大的集团公司（具有饲料、养殖、加工等较强产业链组合的）外，许多单纯养猪（场）企业都可能由于饲料供给的波动而影响到养猪效益。因为大的集团公司可以通过产业链内成本的分摊、利润转换等方式，从而实现综合效益的稳定和提高。这一方面对于单纯养殖（场）企业来讲，还是具有很大的市场风险的。

五、我国规模化养猪的发展趋势

全国生猪养殖规模化趋势：预计 2020 年千头猪场成主力。2007—2009 年 50 ~ 99 头规模生猪出栏量年复合增长率 4.6%，100 ~ 499 头年复合增长率 15.8%，500 ~ 2 999 头规模增速为22.8%，3 000 ~ 9 999 头规模增速为 29.7%，10 000 ~ 49 999 头规模增速为 29.2%，5 万头以上规模增速为 38.9%。我们在此基础上假设今后数年各生猪养殖规模年出栏量增速与 2007—2009 年基本一致，即 2010—2020 年 1 ~ 49 头规模出栏生猪量年复合增长率为 − 3.7%，50 ~ 99 头规模增速为 4.4%，100 ~ 499 头规模增速为15%，500～2999头规模增速为20%，3 000～9 999头规模增速为30%，10 000～49 999头规模增速为30%，5万头以上规模增速为35%。由此推算，2012年出栏生猪数最高集中在规模1～49头和500～2999头，2015年出栏生猪数最高集中在规模100～9 999头，占年出栏生猪总量的比重达到62.6%，2020年年出栏生猪数最高集中在规模500～49 999头，占年出栏生猪总量比重达到71.5%。未来一段时间内，我国生猪养殖业会发生以下明显变化。

（一）猪业兼并重组进程加速

按照国际上其他国家的发展经验，在经济规模不断扩大、人民消费需求不断提高的过程中，生猪养殖和猪肉产品加工业将会涌现出一大批规模大、质量优的企业，并且这些企业主要在兼并重组过程中出现。虽然近期我国养猪业不会像美国那样由排名第一的企业控制全国猪肉加工所需猪肉的52%，但是，双汇、雨润、金锣等龙头企业有可能在不远的将来启动并加速国内养猪业和猪肉制品加工业的兼并重组进程，并在猪肉生产加工中占据绝对重要的份额。对风险的控制和对食品安全及规模效益的追求，推动生猪产业纵向一体化扩张持续进行。随着可持续发展理论深入各国人心，在全球范围广泛推行食品安全准则的背景下，发达国家生猪经营企业或肉类产品加工企业，以风险控制和规模经济效益的追求为基本目标，以"环境安全—生物安全—食品安全"的全过程安全管理为基本准则和经营理念，纷纷开始向后项产业和前项产业兼并收购，推动企业一体化规模扩张。

向后项产业的扩张，有助于有效控制生猪肉类产品原料生产及上游供给风险；向前项产业的扩张，有助于有效控制营销渠道及市场风险，使企业能够在更高层次和整体产业链经营中获得更大规模经济效益。生猪产业纵向一体化发展的典型国家是美国。

我国自 2000 年开始出现了一批纵向一体化生猪生产经营企业，通过兼并发展实现了从生猪屠宰、肉类加工、饲料生产到生猪繁育的产业化规模经营，可与美国最大同类企业相比，但全国整体水平还很低。

(二) 政府监管能力增强

近年来，我国生猪养殖业和猪肉消费市场的频繁大幅度波动，引起了我国政府部门和专家学者的高度关注。在学者们深入研究的基础上，国家政府有关部门对生猪行业的监管能力显著增强。2007 年，国务院办公厅发布了《关于进一步扶持生猪生产稳定市场供应的通知》，提出了多项扶持政策，如能繁母猪补贴、生猪调出大县奖励政策、生猪良种繁育体系建设和标准化规模养殖支持、生猪良种补贴等，来促进生猪生产的快速发展。2009 年上半年我国猪肉价格出现连续数月的下跌走势。为防止生猪价格过度下跌，2009 年 6 月 13 日，商务部会同财政部、发改委启动了国产冻猪肉的收储工作，稳定了生猪生产，保护了养殖户利益，促进了生猪及猪肉市场稳定发展。此外，我国政府部门在生猪养殖的疫病预防救济方面也积累了成功经验，对于疫情预警、防治、救济反应非常迅速而且成效显著。政府对养猪业和猪肉市场的监管机制逐渐成熟，猪业秩序将趋向稳定。

(三) 猪肉产品信息追溯技术的推广应用范围扩大

猪肉消费者对猪肉产品和企业的信任左右着猪肉市场的稳定与猪肉企业的发展状况。过去频繁发生的猪肉质量事件、生猪疫病问题影响了消费者对猪肉产品和部分企业的信任，加剧了猪肉消费的波动乃至动荡。近年来，猪肉产品信息追溯技术成为这一问题的技术解决方案，而且该技术为生猪的育种、饲养、养殖、屠宰、加工、流通分销和终端销售等环节提供了科学管理的新方法，有利于生猪养殖和加工销售企业提高工作效率、提高管理水平、塑造品牌、赢得消费者信赖。未来能够在猪肉产品市场生存下来并发展壮大的企业将是严格实施产品追溯技术的企业。可以预见，猪肉产品追溯技术将在近 5 年内大范围推广，最终趋向普及。

（四）消费需求快速增长

生猪产业庞大，前后带动多个行业。2012 年生猪产值达到 1.04 万亿元之多，考虑到其上游饲料和动保产业，以及下游的屠宰加工产业，带动的全产业链产值超过 1 万亿。

（五）生猪产业持续向健康、安全肉质方向发展

收入的增长、技术的进步及食物结构的变化推动生猪产业持续向健康、安全肉质方向发展

我国生猪产业实现了"肉品由脂肪型向肉脂兼用型和由肉脂兼用型向瘦肉型的转变"。事实上，这一转变既是生猪产业在我国城乡居民收入水平不断提高和食品消费结构不断高级化背景下出现的产品品质与产品形态的转变，也是国际生猪产业自 20 世纪 80 年代起追求健康、安全食品为代表的瘦肉型猪生产在我国的反映，同时还是知识经济时代国际、国内基因转移、胚胎移植以及 DNA 探针检测等科技含量高的生猪繁育生产技术取得重大突破后出现的必然趋势。

国内城乡居民猪肉两者相差40%的猪肉消费水平。根据世行和粮农组织调查，人均收入在 5 000美元以下时，居民对于肉类的消费需求会快速上涨。如果农村居民人均消费达到城镇居民消费水平，全国农村猪肉消费量每年将增加 1 500 万吨至 2 000 万吨。

（六）规模化带来效益的提升

从养殖场数量看，2010 年中国年出栏 500 头生猪以上的养殖场共有 22.04 万个，占比仅为 0.36%；从出栏头数看，规模养殖场年出栏生猪共 3.23 亿头，占年总出栏数的 34.54%。横向对比来看，美国出栏 5 000 头以上生猪的养殖场共有 2 900 个，合计贡献全美 61.1% 的生猪存栏量和 88% 的生猪出栏量。从中美生猪业来看，未来全球对猪肉的消费需求都是快速增长的。在这种局面下，我国生猪产业一体化的进程自然会加快。

（七）生猪产业发生空间转移

对环境成本与劳动力成本低廉及人口和降水少等生产条件的追求推动生猪产业发生空间转移

生猪产业污染排放量大，劳动力使用相对密集。人口众多的地方虽然劳动力资源丰富，但因其污染重而往往遭到鄙视和非议，同时，干燥的环境相对潮湿的环境而言，更易控制养殖环境温度和湿度，生产经营成本更低。

正是基于这些特征，进入 20 世纪 80 年代后，位于美国衣阿华州、加利福尼亚州、伊利诺斯州和威斯康星州等的众多生猪生产企业，纷纷向北卡罗来纳州、俄克拉荷马州、科罗拉多州及犹他州等条件更适宜的地区转移。其中，1980 年至 2000 年间，衣阿华州、加利福尼亚州和伊利诺斯州生猪生产分别下降了 5.12%、2.96% 和 2.59%，而北卡罗来纳州和俄克拉荷马州生猪生产则上升了 12.22% 和 4.88%。

我国在 90 年代之前，各大都市郊区生猪产业都呈现出增长的态势。进入 21 世纪后，上海和北京率先将布局于郊区的生猪产业逐步向远郊县及周边省市转移。根据上海市"十五"养殖业发展专项规划，宝山区等 5 区一批大公司将向江苏、浙江、安徽、湖南、辽宁和云南等省区共转移畜禽场 52 家，其中猪场 18 家。

2003 年上海生猪出栏 410 万头，与上年同比下降了 8.9%，其中规模化猪场同比下降了 10.53%。北京近年也开始将布局于近郊区的规模化养殖场向远郊县转移，未来将有众多养殖企业向河北、辽宁、内蒙古自治区（以下简称内蒙古）等省区转移。

生猪产业发展与城市化、工业化及城乡居民生活之间存在的资源之争。

在传统的分散养殖时期，我们几乎感受不到生猪产业发展需要大量的资源。而生猪产业进入工厂化繁育和规模化养殖后，场区设施建设需要大量的土地资源。有相关人士考察了解，一座基础母猪 1 000 头、年出栏 20 000 头的工厂化猪场，在场外隔离区、场内生产区与生活区、清洁区与污染区、生产区内繁殖区、保育区、育肥区、隔离区、仓储区以及人流、猪流、物流、废物流等严格按畜禽防疫及卫生标准设计时，至少需要 120～150 亩（15 亩 =1 公顷。全书同）土地。如果将目前我国出栏的近 6 亿头生猪全部按这种标准生产设施建设，那么将需要 24 万～30 万公顷建设用地，同时每座猪场选址要求周围至少 1～3 千米半径范围内无居住人口和动物活动，核心种猪场选址要求至少达到 5 千米半径范围内无居住人口和动物活动。

事实上，在我国东部地区符合这种选址条件的土地几乎难以找到。除建设用地外，生猪产业发展需要大量的粮食资源作为饲料原料，耕地得到充分保障，才能生产足够的饲料原料。以目前我国近 6 亿头肉猪和 4 000 万头种猪为基数，按肉猪 2.5：1 的料肉比和种猪 1 吨/年饲料消耗量计算，每年用于饲料的粮食接近 2 亿吨。同时，一头猪维持正常生命活动消耗的水量，绝不亚于一个人维持正常生理活动所消耗的水量。对于那些实行水冲式猪舍的猪场而言，其猪均消耗的水量将更大。

我国土地资源、耕地资源和水资源本身就很稀缺，加之目前又处在工业化深化发展和城市化加速发展时期，总规模极其庞大的生猪产业发展，无疑给自然资源的供给带来压力，使我们总处在为改善生活水平而大力发展生猪产业，同时为节约自然资源又不得不对其发展加以约束的矛盾之中。

（八）规模化养殖将不断发展

技术进步与市场条件下，对集约经营效益的追求推动生猪产业持续向工厂化、规模化发展与演变，这一趋势是全球生猪产业生产方式因技术进步和市场条件下对集约经营效益的追求而发生的转变。国际上自20世纪60年代丹麦和荷兰将杂交优势理论应用于生猪产业二元杂交繁殖后，工厂化繁育养猪就开始了，并逐步演变为一种新发展趋势。60~70年代这一趋势主要向欧洲、北美和日本扩张，紧接着亚洲的日本、韩国和我国台湾地区于70年代兴起。而到80年代时三元杂交繁育体系又发展起来了，且以美国、加拿大、匈牙利等国为代表。

我国的生猪工厂化繁育和规模化养殖开始于20世纪80年代初，起步之时就以三元杂交繁育体系为主进行，先从东部地区大都市郊区兴起，而后向东部农村和中西部大中城市郊区及农村扩展，至今这一转变仍在进行之中。

但到目前，我国生猪产业的工厂化繁育和规模化养殖与发达国家间仍有很大差距。养猪场地、资金和技术的限制使得生猪行业进入壁垒增加。存栏量高决定难有大的反弹空间。生猪的供求关系决定着价格，同时价格的涨跌，反过来影响生猪养殖的积极性。生猪价格符合典型的蛛网理论，能繁母猪淘汰率较低，能繁母猪存栏量持续维持在5 000万头以上，将制约未来价格的反弹空间。

总之，工厂化集约化的生猪养殖是最符合人类安全需要的，但是亦会剥夺小生产者的生计，小农经济会受影响，进而造成农村经济的凋敝。而如果扶持小生产者，以目前的监管手段技术而言，无法实现全面的管理，消费者的利益无法保证，而小农经济在养殖技术和硬件上的限制，也制约了规模化的可能。而中间路线，即两头在企业，中间个体农户加强服务和监管的模式，似乎更符合当前中国社会的实际利益。

第一章

规划建设

随着农村经济的迅速发展，生猪养殖从农村散养逐渐转变为规模养殖，规模化养猪具有综合应用先进技术、生产效益高、利于产业化开发等技术及经济优势，已成为我国养猪业发展的总趋势。但受人才、土地、环保、资金、市场、疫病防制等多种因素的制约，适度规模养猪仍将是农村养猪的主要方式。随着规模化猪场建设规模及速度不断提高，也出现了许多新问题，如猪场规划设计、生产工艺、猪舍布局不合理，种猪、饲料设施不配套等，造成猪场投产后环境污染严重、疫病难以控制、生产效率低下、效益不佳、严重者甚至倒闭。

第一节　规模猪场建设存在的主要问题

一、规模猪场建设中缺乏科学规划

农村现有多数猪场是由小打小闹开始，随着资金积累而逐步扩大的，对猪场的建设布局、猪舍结构等缺乏长远规划，因陋就简建造猪舍是普遍现象。随着猪场规模扩大，各种问题接踵而至。有的猪场因场地限制，猪舍排列拥挤而杂乱无章，不利于猪场的饲养管理和兽医防疫卫生制度的落实；有的猪场有足够的建设场地，但在建场前未曾咨询专业技术人员，盲目上马，所建猪场布局不合理，粪尿污水处理、排放不达标，造成污水横流，不仅污染周围环境，也易引起猪场疫病发生。

二、忽略环境控制，生产效益低下

猪舍没有根据不同阶段猪的生理特点设计建造。不同时期的生猪在同一栏舍饲养，而且猪舍建得低矮、阴暗，有的只用水泥砖孔用作采光、通风。猪舍质量较好的，一般只采取自然通风，往往不能满足夏季通风与降温和冬季防寒与保暖的要求，生猪生产性能低下，发病率高、死亡率高，饲料报酬低，效益不高。

三、忽略实际情况，盲目贪大求洋

随着养猪的规模化、产业化发展，养猪业已成为高投入产业，需要一定的资金投入。许多业主在投资养猪前，没有进行科学规划、资金预算，不能合理安排资金的筹措和使用，过早过多地投入基本建设，照搬国外猪场建设模式，以致出现有猪舍没猪养、有猪没饲料、高档猪舍不能正常运转等窘境。

第二节　市场调查、经营预测与投资决策

在投资创办猪场前必须做好投资风险的评估，避免盲目投资导致产生经济损失。生猪行情随着市场的变化会出现高潮和低谷（猪周期），因此在投资养猪业之前需要做好市场调查分析，做好预期效益分析，最终做好投资决策，从而规避投资不当或失误造成经济损失的风险。虽然国家近年来一直对生猪标准化规模养殖

场有项目资金扶持，但是切勿把争取项目资金支持作为办猪场的目的。

一、市场调查分析

市场调查就是指运用科学的方法，有目的地、系统地收集、记录、整理有关市场营销信息和资料，分析市场情况，了解市场的现状及其发展趋势，为市场预测和营销决策提供客观的、正确的资料。调查的内容包括市场环境调查、市场状况调查、销售的可能性调查，还可以对消费者及消费需求、企业产品、产品价格、影响销售的社会和自然因素、销售渠道等开展调查。

市场调查的内容主要包括市场环境调查、消费者需求调查、生产供应情况调查、对竞争者的调查。通过市场调查分析从而做好市场预测，为投资决策奠定基础。

二、投资效益评价

投资效益评价是对投资项目的经济效益、社会效益和生态效益进行分析评估，并在此基础上，对投资项目的可行性、经济盈利性以及进行此项投资的必要性做出相应的结论，作为投资决策的依据。

三、投资决策

投资决策是指投资者为了实现其预期的投资目标，运用一定的科学理论、方法和手段，通过一定的程序对投资的必要性、投资目标、投资规模、投资方向、投资结构、投资成本与收益等经济活动中重大问题所进行的分析、判断和方案选择。投资决策是生产环节的重要过程，其程序是确定投资目标、选择投资方向、制定投资方案、评价投资方案。影响投资决策的主要因素有需求因素、时期和实践价值因素、成本因素等。

（一）投资额

生猪生产是一个需要投资较大的行业，且资金回收周期长、利润较低、市场行情不稳定。猪场建设、投产过程中资金投入主要由土建、设备、引种、饲料和员工工资等费用构成。因此，投资者需要根据自己能够投入的资金量来决定规模，不能贪大，将猪舍一次性修建过多。

（二）养殖规模

规模经济对于不同企业有不同的要求，能够实现利润最大化的经营规模是最合理的，我们将这样的规模水平称为适度规模。单从养殖成本来看，农户适度养猪规模的选择依据应该是选择成本最低的规模。

不同规模、不同经营模式的养猪户饲养成本存在一定差异。从生猪生产成本来看，规模化的养猪模式成本低于散养养猪模式。在规模化养猪中，小规模的养殖模式成本低于中等规模养殖模式，中等规模养殖模式成本低于大规模养殖模式。所以在现阶段和今后一段时期，我国特别是中西部地区的生猪养殖模式主要选择中小规模养殖比较适宜，在逐步壮大发展后再向中大规模养殖转变。

适度规模量 QR = P − VC，（P：单位收入、VC：变动成本）。养猪者结合自身经济实力、生产条件和技术水平，充分利用自身的各种优势，把生产潜能发挥出来，取得最好的经济效益，才是适合自己的养猪规模。经过比对分析，规模化养殖模式的成本低于散养养殖模式。在目前散养户和小规模养殖比重较大形势下，选择中小规模的养殖模式比较适宜。

第三节 猪场建设基本参数

一、猪场占地与建筑面积

猪场根据性质和规模的不同，占地面积不尽相同（表1-1，表1-2）。

表1-1 不同规模猪场占地面积参数表

项 目	生产规模 （万头/年）	建筑面积 （平方米）	占地面积（平方米）
自繁自养	0.3	4 000	10 000 ~ 15 000
	0.5	5 000	18 000 ~ 23 000
	1.0	10 000	41 000 ~ 48 000
	1.5	15 000	62 000
	2.0	20 000	85 000
	2.5	25 000	101 900
	3.0	30 000	121 000

表1-2 不同规模猪场各猪舍的建筑面积参数表 单位：平方米

猪舍类型	基础母猪规模（头）		
	100	300	600
种公猪舍	64	192	384
后备公猪舍	12	24	48
后备母猪舍	24	72	144
空怀妊娠母猪舍	420	1 260	2 520

（续表）

猪舍类型	基础母猪规模（头）		
	100	300	600
哺乳母猪舍	226	679	1 358
保育猪舍	160	480	960
生长育肥猪舍	768	2 304	4 608
合　计	1674	5 011	10 022

注：该数据以猪舍建筑跨度8.0米为例

二、每头猪占栏时间及面积

各类猪只在不同饲养期内，其占栏时间及面积各不相同，可参考表1-3。

表1-3　各类猪只占栏时间及面积参数表

指标	饲养天数	占栏时间（天）	占栏面积（平方米）	备注
种公猪	常年饲养	365	7～12	
空怀母猪	34	41	2～3.5	
妊娠前期	59	63	2～3.5	
妊娠后期	27	34	1.31	限位栏
哺乳仔猪	35	42	0.3～0.4	
育成猪	35	42	0.6～0.7	
育肥猪	110	117	0.9～1.4	

三、耗水量

水是动物第一大营养素，水的摄入不足会严重影响其生产性能的发挥。水的最低需水量是指猪为平衡水损失、产奶、形成新组织所需的饮水量。水温也会影响饮水量，饮用低于体温的水时，猪需要额外的能量来温暖水。一般来说，饮水量与采食量、体重呈正相关；但由于饥饿，生长猪会表现饮水过量的行为。环境温度为20℃时的参考数据如表1-4所示。

表1-4 不同猪群每头猪平均日耗水量参数表

单位：L／（头・天）

猪群类别	总耗水量	其中饮用水量	饮水器水流量（千克/分钟）
空怀及妊娠母猪	25.0	13.0～17.0	1.5
哺乳母猪	40.0	18.0～23.0	2.0
培育仔猪	6.0	1.7～3.5	0.3
育成猪	8.0	2.5～3.8	0.5
肥育猪	10.0	3.8～7.5	1.0
后备猪	15.0	8.0	1.0
种公猪	40.0	22.0	1.5

注：总耗水量包括猪饮用水量、猪舍清洗用水和饲养调制用水量，炎热地区和干燥地区耗水量参数可增加25%～30%

四、耗电量

猪场的日常运营过程中，电量主要耗费在生活区日常用电，猪舍内部照明、降温用电及乳仔猪保温、饲料加工等方面。一般情况下，600头基础母猪自繁自养场需要配备150千瓦变压器（非自动投料用电）。

五、饲料消耗量

500头母猪规模猪场年饲料用量参数表参见表1-5。

表1-5 500头母猪规模猪场年饲料用量参数表

猪别	每头耗料量（千克）	数量（头）	饲料量（千克）	所占比例（%）
哺乳母猪	250	500	125 000	4.3
空怀母猪	80	500	40 000	1.4
妊娠母猪	620	500	310 000	10.6
哺乳仔猪	2	10 700	21 400	0.7
保育仔猪	12	10 300	123 600	4.2
小　猪	33	10 100	333 300	11.4
中　猪	80	10 100	808 000	27.5
大　猪	115	10 000	1150 000	39.2
公　猪	900	20	18 000	0.6
后　备	240	160	4 800	0.2
合　计	—	—	2934 000	100

六、粪、尿、污水排放量

不同猪群粪尿排泄参数表参见表1-6。

表1-6 不同猪群粪尿排泄参数表

类型	饲养期（天）	每头日排泄量（千克）			污染物指标		
		粪量	尿量	合　计	指标	粪中	尿中
种公猪	365	2.0~3.0	4.0~7.0	6.0~10.0	COD_{cr}（毫克/升）	209 152.0	17 824.0
哺乳母猪	365	2.5~4.2	4.0~7.0	6.9~11.0	BOD_5（毫克/升）	94 118.4	8 020.8
后备母猪	180	2.1~2.8	3.0~6.0	5.1~8.8	SS（毫克/升）	134 640.0	2 100.0

（续表）

类型	饲养期（天）	每头日排泄量（千克）			污染物指标		
		粪量	尿量	合计	指标	粪中	尿中
出栏猪（大）	88	(2.17)	(3.5)	(5.76)	总氮（T～N）（克/升）	30.7	6.4
出栏猪（中）	90	(1.3)	(2.0)	(3.3)	磷（P_2O_5）（克/升）	115.8	—
断奶仔猪	35	0.8～1.2	1.0～1.3	1.8～2.5	—	—	—

注：括号内数字为平均值（据江立方，《上海畜牧兽医通讯》，1992；华南农业大学等，规模化猪场用水与废水处理技术，中国农业出版社，1999）

不同清粪工艺的猪场污水水质和水量参数表见表1－7。

表1－7 不同清粪工艺的猪场污水水质和水量参数表

清粪工艺		水冲清粪	水泡清粪	干清粪		
水量	平均每头（升/天）	35～40	20～25	10～15		
	万头猪场（立方米/天）	210～240	120～150	60～90		
水质指标（毫克/升）	BOD_5	5 000～60 000	8 000～10 000	302	1 000	—
	COD_{cr}	11 000～13 000	8 000～24000	989	1 476	1 255
	SS	17 000～20 000	28 000～35 000	340	—	132

注：1. 水冲粪和水泡粪的污水水质按每日每头排放 COD_{cr} 量为448 克，BOD_5 量为200 克，悬浮固体为700 克计算得出；

2. 干清粪的3组数据为3个猪场的实测结果

第四节 猪场选址

正确选择猪场场址是猪场建设、投产、保证收益的前提条件。猪场的选址需要根据规模和长远规划来进行选择，考虑场地所处的社会环境和环境卫生条件，同时结合猪场性质、生产工艺、饲养管理方式和集约化程度等因素来进行综合评价比较各个预选场地。

一、选址原则

（一）符合法规

1. 适养区规划

根据《中华人民共和国畜牧法》的第 40 条、《规模猪场建设（GB/T 17824.1—2008）》和《标准化规模养猪场建设规范（NYT 1568—2007）》的规定，猪场选址时应规避自然保护区、水源保护区、风景旅游区等，同时为了保证猪场投资后的收益，禁止在环境公害污染严重的地区建场，不能在禁养区建猪场，也不能在限养区新建猪场。

2. 基本农田保护区规划

2004 年修订的《中华人民共和国土地管理法》第三章第十九条第一款明确规定，严格保护基本农田，控制非农业建设占用农用地。为了避免猪场建造过程中或投产后出现被拆除的风险，场址的选择需要满足当地的产业发展规划、城镇发展规划和基本农田保护区规划。

（二）节约用地原则

选址过程中，应该遵循"不占或少占耕地，以丘陵山地为主"的原则，但是必须避免选在地质灾害区域。

（三）避开敏感区域原则

根据中华人民共和国农业部《动物防疫条件案审查办法规定》第五条规定：动物饲养场、养殖小区选址应该距离敏感地区一定的距离。猪场应该选择居民点和公共场所等敏感区域常年主导风向的下风向处，防止对人体健康造成危害。

（四）环保原则

2008 年，国家出台的《生猪标准化规模养殖场（小区）建设标准》（发改办农经［2008］524 号）对于猪场粪污的利用等作了专门的规定。2010 年，《国家发展改革委办公厅、农业部办公厅关于申报生猪标准化规模养殖场（小区）建设项目投资计划的通知》发改办农经［2010］380 号）明确指出中央投资优先安排粪污处理设施建设，且要求达标排放。2014 年 1 月 1 日，最新颁布的《畜禽规模养殖污染防治条例》正式施行，该条例以环境保护优化和保障产业健康持续发展、促进畜禽粪便等废弃物综合利用作为解决污染问题的根本途径、将加强环保监管作为推动综合利用和产业转型升级的重要手段，所以，环保将来是猪场生存的准绳。为了对猪场负责，对周边环境负责，对后代子孙负责，猪场选址过程中必须能够满足将来的环保需求，做好环境影响评价工作等，且保证有足够的土地来完成环保设施的建设和废水的达标排放。同时，猪场需要选在居民区和公共区的下风向，以免气味、废水及干粪堆放过程中产生蚊蝇等对人的正常生活产生影响。

（五）长远规划原则

猪场建设初期往往由于资金短缺不能一次性投资完成，因此，选址时必须考虑猪场的长远规划。建设初期可以根据资金筹措力度，先建设一期工程，在条件允许时再进行扩建。

（六）尽量靠近饲料供应和商品销售区的原则

猪场需要选址在交通便利且防疫条件好的地区，能够保障日常的饲料供应，且外售的市场稳定，水电供应可靠。

二、选址条件

(一)卫生防疫条件

猪场应该远离居民区、养殖场、屠宰场、污水处理厂等,也需要远离交通干线。猪场最好距离公路1千米以上,距离居民集中居住点2千米以上,距离大型化工厂、养殖场、屠宰场和肉制品加工场等3千米以上。

(二)地势地形条件

地势即场地的高低、走向趋势。在选址过程中需要选择地势高燥,地下水应在2米以下,避风向阳的区域。地势高燥有利于场区给排水的组织,能够减少排水设施的投资,且场区内相对湿度较低,病原微生物等有害生物的生存和繁殖受到限制,减少疫病暴发的几率。选址时应避免将猪场选址在山坳和谷地等,防止猪场上空形成气流涡流和处在风口处,避免涨洪水时被水淹或遭受泥石流破坏。如果将场址选在丘陵地段,则需要选择背风坡,且坡度不得大于25°,利于减少建设投资。

地形是地表形状和地貌的总称,具体指地表以上分布的固定性物体共同呈现出的高低起伏的各种状态。猪场地形要开阔整齐,便于充分利用土地和合理布置构筑物。尽量避免选取狭长、凌乱的地形。

(三)粪污处理及环境保护

猪场选址需要考虑的一个关乎生存的问题就是粪污处理。选址时,猪场周围需要有足够的土地来消纳养猪生产产生的粪污。一般情况下,周边有菜地、果园最好。猪场设计之初,需要将环境保护和粪污处理考虑在先,要以环保倒逼选址,不能让生产污水渗透到地下水层,致使自打井水源受到污染,影响生产;同时也不能将污水排到河流，造成水体污染，破坏生态。

（四）交通条件

交通通讯要便利。交通便利对于猪场至关重要，日常生产需要的饲料等重要物资以及猪场的产品等运输都需要交通来完成。一个万头猪场平均一天进料约 20 吨，平均每天运出商品猪 30 余头，如果交通不方便，则会给生产带来致命的影响。

（五）水电气通讯条件

猪场虽然需要尽量远离居民区等，但是需要考虑水电气通讯等社会联系的便利性。猪场的水源要求水量充足，水质良好，符合《无公害食品畜禽饮用水水质（NY-5027）》无公害水质的要求。生活用水则需要满足《生活饮用水卫生标准（GB-5479）》的要求。

猪场尽量距离供电源头近一些，从而节省输电成本，且电压稳定。猪场应该自备发电机组，且定期检修，防止断电带来经济损失，特别是密闭舍猪场。

通讯是猪场与外界联系的手段。随着电信行业的发展，基本上各个地区都没有通讯盲点。因此，猪场选址过程中也不作为主要考虑因素。

（六）场地面积条件

场地面积很重要。设计者设计过程中往往会遇到场地面积不充裕的情况，这个时候往往选择牺牲建筑间距，导致了场内采光、通风、防疫、防火等受到影响。因此，选址过程中，设计人员必须坚持原则，不能为了满足客户的需求和追求利益，而违背设计原则，给投资者带来潜在的威胁。

第五节　猪场规划布局

一、生产工艺设计

规模养猪的生产管理特点是"全进全出"一环扣一环的流水式作业。所以，猪舍需根据生产管理工艺流程来规划。猪舍总体规划的步骤是：首先根据生产管理工艺确定各类猪栏数量，然后计算各类猪舍栋数，最后完成各类猪舍的布局安排。

（一）生产工艺设计基本原则

①现代化、科学化、企业化的生产管理模式。

②通过环境调控措施，消除不同季节气候差异，实现全年均衡生产；采用工程技术手段，保证做到环境自净，确保安全生产；能够最大限度发挥猪只的生产潜力，达到高产低能耗的要求。

③实行专业化生产，以便更好地发挥技术专长和便于管理。

④猪舍设置符合养猪生产工艺流程和饲养规模，各阶段猪只数量、栏位数、设备应按比例配套，尽可能使猪舍得到充分的利用。

⑤尽量采用整舍（或小单元）全进全出的运转方式，以切断病原微生物的繁衍途径，同时便于冬天防寒保暖。

⑥分工明确，责任到人，落实定额，与猪舍分栋配套，以群划分，以人定责，以舍定岗。

⑦技术可行，经济合理，国内先进。

（二）生产工艺设计的内容

1. 猪场的性质和规模

猪场根据生产任务可以划分为原种场、祖代场、父母代场和育肥猪肠。猪场的规模一般会依据基础母猪或者年出栏育肥猪数量来划分。在本书中，将基础母猪 30～500 头作为适宜规模，但是，确定猪场性质和规模时，需要根据业主投资能力、市场需求和技术水平等因素来综合考虑。

2. 猪场任务

（1）种猪繁育 种猪场的主要任务是繁育种猪。因此，为了保障能够为商品场提供优质种猪，种猪场需要研究适宜的饲养管理方法和良好的繁育技术，从而能够保持自身种猪的需求和生产的需要，同时满足商品场对于种猪的需求。

（2）为社会提供优质商品猪 商品猪场的主要任务是进行肥猪生产，为社会提供优质商品猪，满足大众的菜篮子对猪肉的需求。商品猪场的重点则放在如何提高育肥猪的生长速度和育肥技术上。商品猪场需要结合自身生产特点，研究育肥技术，降低生产成本，提高生产效率。

3. 饲养阶段的划分和生产指标

猪场实际生产过程中需要根据猪的年龄、类别等划分为不同的种群，猪场的猪舍则根据猪群类别来确定内部构造、设备选型等。猪的种群可划分为种公猪、种母猪（空怀母猪、妊娠母猪、哺乳母猪）、哺乳仔猪、育成猪、育肥猪和后备种猪等。

工艺设计需要根据猪场性质、品种、养殖人员的综合素质及技术、管理水平、机械化程度、市场需求和气候条件等因素综合考虑，提出恰当的工艺参数。表 1-8 列出了一些猪场生产中的控制参数可供参考。

表 1 - 8　猪场主要工艺参数

序号	指标	参数
1	妊娠期（天）	114
2	哺乳期（天）	21 ~ 35
3	断奶至发情期（天）	7 ~ 10
4	情期受胎率（%）	85
5	妊娠母猪分娩率（%）	85 ~ 95
6	经产母猪年产仔窝数（头）	2. 1 ~ 2. 4
7	经产母猪窝产活仔数（头）	8 ~ 12
8	仔猪哺乳天数（天）	21 ~ 35
9	哺乳猪成活率（%）	90
10	保育天数（天）	35
11	保育成活率（%）	95
12	育肥天数（天）	100 ~ 110
13	育肥猪成活率（%）	98
14	公母比例（本交）	1 : 25
15	公母比例（人工授精）	1 :（100 ~ 200）
16	种公猪利用年限（年）	2 ~ 4
17	种母猪更新率（%）	25
18	后备母猪选留率（%）	25 ~ 33
19	后备公猪选留率（%）	25 ~ 50
20	转群节律（天）	7
21	妊娠猪提前进产房天数（天）	7
22	转群后空圈消毒天数（天）	7

4. 猪场生产工艺流程和主要工艺技术参数确定

（1）技术方案　先进的养猪科学技术与规模化养猪生产工艺

流程是实现优质、高产、高效养猪业的重要保证。应用圈舍标准化建造技术，设施设备自动化、智能化控制技术，无公害、无残留的配合饲料配制技术，饲料原料、配合饲料及肉品安全、卫生检测技术，安全、高效的饲养技术，粪污减量排放、无害化处理和资源化利用技术，规范用药和猪病的快速诊断、检测及综合防治技术，圈舍进行标准化建造、配制项目所需无公害饲料、对饲料原料和配合饲料及肉品执行严格的安全卫生检测、实施规范用药和猪病的快速诊断及综合防治，最终生产出优质商品猪。

（2）猪场结构设计与存栏头数计算方法

以年出栏 1 000 头商品猪猪场为例：

① 成年母猪头数：成年母猪头数 = 年出栏商品猪头数 ÷ 每头母猪每年所提供的商品猪头数，按照每头母猪每年提供上市商品猪 18 头计，则：成年母猪头数 = 1 000 ÷ 18 = 56（头）。

② 后备母猪头数：母猪年更新率为 33%，后备母猪头数 = 成年母猪头数 × 年更新率，则：后备母猪头数 = 56 × 33% = 19（头）。

③ 公猪头数：公母比例为 1∶25，公猪头数 = 成年母猪头数 × 公母比例，则：公猪头数 = 56 × 1 ÷ 25 = 3（头）。

④ 后备公猪头数：公猪年更新率为 33%，后备公猪头数 = 公猪头数 × 年更新率，则：公猪头数 = 3 × 33% = 1（头）。

⑤ 待配母猪、妊娠母猪、哺乳母猪栏位计算：各类猪群在栏时间：配种舍 = 待配（7 天）+ 妊娠鉴定（21 天）+ 消毒（3 天）= 31（天）；妊娠舍 = 妊娠期（114 天）- 妊娠鉴定（21 天）- 提前入产房（7 天）+ 消毒（3 天）= 89（天）；产仔舍 = 提前入产房（7 天）+ 哺乳期（35 天）+ 消毒（3 天）= 45（天）。

上述 3 项总在栏时间：配种房（31 天）＋妊娠舍（89 天）＋产房（45 天）＝165（天）。

母猪在各栏舍的饲养时间比例为：配种房 ＝ 31 ÷ 165 ＝ 18.8%，妊娠舍 ＝89÷165＝53.9%，产房 ＝45÷165＝27.3%。

60 头母猪按上述比例分配：

配种舍有母猪：60 ×0.188 ＝ 12（头）

妊娠舍有母猪：60 ×0.539 ＝ 33（头）

产仔舍有母猪：60 ×0.273 ＝ 17（头）

则配种舍应有栏位 13 个，妊娠舍应有栏位 34 个，产仔舍有产床 18 个。

⑥ 保育舍栏位计算：仔猪保育期 35（天），则可与产房栏位数量相同。

⑦ 育肥舍圈舍计算：育肥期 90（天）加消毒 3（天）共计 93（天），其饲养期为保育期的 2 ~ 3 倍，故其栏位应为保育期的 2 ~ 3 倍，如新建猪场的基础母猪为 300 头、公猪 5 头的猪群结构（以周为节律组织生产）见表 1 - 9。

表 1 - 9　300 头基础母猪的猪群结构

猪群类别	存栏数（头）
诱情公猪	1
种公猪	4
后备母猪	75
空怀母猪	46
妊娠母猪	206
分娩母猪	48
哺乳仔猪	528

（续表）

猪群类别	存栏数（头）
断奶仔猪（保育阶段）	684
育成猪	2 080
合计存栏	3 668
计划全年上市商品猪	5 673

备注：商品猪场 21～35 天断奶；15% 母猪返情率；消毒时间为 7 天

（3）技术措施 先进的育种新技术和科学的管理是实现优质、高产、高效生产的重要保证，适度规模养猪通常采取的下列技术措施。

① 自动化供料。采用自动供料系统，对所有猪只实行科学自动投料，减少人力，规避人为因素影响。

② 空怀母猪采用智能化饲喂系统：自动鉴别母猪发情，精准饲喂。

③ 生产数据化管理。采用猪场网络信息管理系统，对生产全过程进行监控、追踪、预测等。

④ 应用妊娠诊断仪等先进设备检测种猪发情受胎情况。

⑤ 坚持卫生防疫制度，严格控制疫病发生，加强猪群疫病的免疫监测和抗病力检测。

⑥ 猪舍及附属设施建筑设计尽量从简，以科学、经济、实用为原则，有利于提高种猪场的经济效益。

⑦ 猪场粪污采取减量排放、无害化处理和资源化循环利用措施，病死猪只尸体实施无害化处理。

⑧ 猪舍温度、湿度、氨气浓度等环境自动控制，喂料自动化、除粪机械化操作。

（4）生产工艺流程　一般采用"分阶段饲养"的养猪生产工艺流程。即：配种→妊娠→分娩→哺乳→保育→育肥的流水生产作业。以周为繁殖节律，实行常年配种、产仔、断奶、保育、生长均衡生产（图1－1和图1－2）。

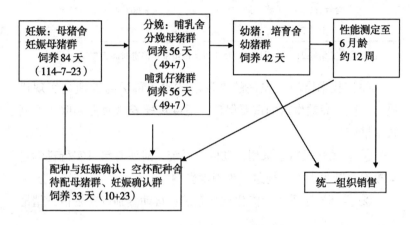

图1－1　地方猪饲养工艺流程参考图

5. 饲养管理方式

（1）饲养方式　饲养方式是指为了便于饲养管理而采用不同的设备、设施或每圈（栏）容纳猪的头数的不同方式。按照设备、设施的不同，可分为漏缝地板饲养、地面饲养、混合饲养等；按照每圈（栏）容纳猪的头数可以分为单体饲养、窝养、群养等。在设计之初，饲养方式需要根据业主的经济能力和预期来确定，特别是要注意其投资能力和技术水平。

采用全进全出的饲养管理方式，有利于消毒和防疫。饲养方式见表1－10。

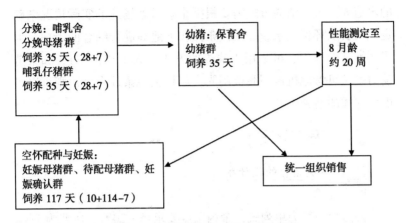

图 1 – 2 外种猪饲养工艺参考流程图

表 1 – 10 建议不同猪群的饲养方式

猪群类别	饲养方式建议
诱情公猪	单圈饲养
种公猪	单圈饲养
空怀母猪	群饲
妊娠母猪	单体限位栏饲养
分娩哺乳母猪	小单元、高床
保育仔猪	小单元、群饲、半漏缝
育肥猪	群饲、地面平养或半漏缝

（2）饮水方式 猪场饮水主要采用鸭嘴式或乳头式自动饮水器等，仔猪可采用饮水碗。目前，部分猪场开始尝试不用饮水器，而是在食槽中喂水，同时安装水位控制器来控制饮水供应。

（3）清粪方式 随着养殖规模的扩大和环保的要求越来越严格，现代养猪业一般采用干清粪方式，也有部分猪场采用美国式的水泡粪方式。清粪方式需要根据企业所处场地的实际情况来确定，需要从环保、水量、气候条件和土地等进行综合的考虑。为了缓解环保压力，可采用干清粪的方式（人工或机械），如果劳动力匮乏可考虑机械刮粪板刮粪，如果土地条件允许，则可以考虑水泡粪的清粪工艺。

二、工程工艺设计

（一）各类猪舍的设计参数

1. 公猪舍

公猪舍一般为单列式，舍内温度要求15～20℃，风速为1～2米/秒，内设走廊，一圈一头，后备公猪选留前可以4～6头一栏。对于猪舍跨度不低于12米的，可不设外部运动场，猪场内部加设公猪跑道，定时将公猪赶至跑道进行锻炼，从而保持其良好的生产性能，参考《种公猪饲养管理技术规程（DB 50/T308—2009）》。

2. 空怀、妊娠母猪舍

空怀、妊娠母猪最常用的一种饲养方式是分组大栏群饲，一般每栏饲养空怀母猪4～6头、妊娠母猪2～4头。现阶段，随着自动饲喂及发情鉴别系统的引入，每舍可以养殖200～240头空怀及妊娠母猪，舍内只有休息区用隔栏分为若干个较小的区域，大群不分栏。圈栏的结构有实体式、栏栅式、混合式3种，猪圈布置多为单走道双列式。地面坡降2%～3%，地表不要太光滑，以防母猪跌倒。也有采用半限位，一栏群养4～6头；也有用单栏限位饲养，一栏一头。舍温要求15～20℃，风速为1～2米/秒。

3. 分娩哺育舍

舍内设有分娩栏，布置多为两列或三列式。舍内温度要求

15～20℃，风速为 1 米/秒。分娩舍是分娩母猪和仔猪共同生活的区域，因此在保证母猪正常生活的同时，也需要满足仔猪对于温度的需求。需要对仔猪加设保温措施，保证温度在 28～32℃，最好采用地热供暖。分娩猪栏可分为以下几种。

（1）地面分娩单体栏　中间部分是母猪限位架，两侧是仔猪采食、饮水、取暖等活动的地方。母猪限位架的前方是前门，前门上设有食槽和饮水器，供母猪采食、饮水，限位架后部有后门，供母猪进入及清粪操作。可在栏位后部设漏缝地板，以排除栏内的粪便和污物。

（2）网上分娩栏　主要由分娩栏、仔猪围栏、漏缝地板、保温箱和支腿等组成。

（3）地圈分娩栏　农村散养户养猪模式，内部可投稻草等，保持母猪衔草搭窝的生物学特性。

4. 仔猪保育舍

舍内温度要求 20～25℃，风速为 1 米/秒。可采用网上保育栏，1～3 窝一栏网上饲养，用自动落料食槽，自由采食。网上培育，减少了仔猪疾病的发生，有利于仔猪健康，提高了仔猪成活率。仔猪保育栏主要由漏缝地板、围栏、自动落食槽、连接卡等组成。可以采用高床养殖的方式，也可以将地面休息区抬高，排粪饮水区利用漏缝地板进行混搭（半漏缝），从而能够自然将躺卧区和排泄区分割，利于保持猪体清洁，减少疾病。

5. 生长、育肥舍和后备母猪舍

生长、育肥舍和后备母猪舍均采用大栏地面群养方式，自由采食，其结构形式基本相同，只是在外形尺寸上因饲养头数和猪体大小的不同而有所变化。为减少猪群周转次数，往往把育成和育肥两个阶段合并饲养。育成育肥猪多采用地面群养，每圈 10～

15 头，其占栏面积和采食宽度按育肥猪确定。也可以采用大栏饲养的模式，每圈动态群控制在 100～120 头的范围，从而减少打斗、咬尾等不良行为的发生。

（二）猪舍环境控制技术方案

1. 保温防寒方案

猪体脂肪较厚，且无汗腺，一般较耐寒，但是，不同猪群耐寒程度不同，其保温防寒要求也不同。外围护结构保温防寒性能设计应根据建材热物理特性设计，其中，外围护结构的保温隔热性能的好坏的参数主要是建材的导热系数和蓄热系数。建筑学上把导热系数 $\lambda \leq 0.23$ 瓦/（米·度）叫做保温隔热材料。蓄热系数用"S"表示，单位是瓦/（平方米·度）。一般情况下，可采用双层夹芯彩钢瓦（5 厘米以上厚度保温板、比重不小于 10 千克/立方米）。

2. 防暑降温方案

猪舍内部过热的原因主要有 2 个方面：一方面，夏季太阳辐射强度高，导致大气温度高，猪舍外部大量热量通过围护材料进入舍内；另一方面，猪自身产生大量的热，在舍内大量积累。通过建筑设计合理加大屋顶、墙壁等维护结构的隔热设计，可以有效地减弱太阳辐射热和高温综合效应引起的猪舍内部温度的升高。其次，可以通过其他降温方式直接对猪体进行降温。高温高湿地区，种猪舍宜采用滴水降温，尽量不使用喷雾降温的方式。对于干燥地区，可采用湿帘风机的方式来达到防暑降温的目的。仔猪舍一般不采用滴水降温，防止地面过于潮湿，引发疾病。

3. 通风换气方案

猪舍通风换气是控制环境的一个重要手段。通风换气可以排除猪舍内有害气体、多余的热量、水气和尘埃等，有效地改善舍内环境状况，保证空气清新，适合猪只生活生产。猪舍通风的风量及风速可参考表1-11。

表1-11　不同类别猪舍通风风量及风速

猪舍类别	通风量［立方米/（时·千克）］			风速（米/秒）	
	冬季	春秋季	夏季	冬季	夏季
种公猪舍	0.35	0.55	0.70	0.30	2.00
空怀妊娠母猪舍	0.35	0.45	0.60	0.30	2.00
哺乳母猪舍	0.30	0.45	0.60	0.15	1.00
保育猪舍	0.30	0.45	0.60	0.20	0.60
生长育肥猪舍	0.35	0.50	0.65	0.30	2.00

注：1. 通风量是指每千克活猪每小时需要的空气量；

　　2. 风速是指猪所在位置的夏季适宜值和冬季最大值

4. 光照方案

光照对于猪的生理机能、生产性能有着重要的影响，光照根据光源的不同分为自然光照和人工光照。

（1）自然光照　自然光照主要是利用太阳光，可以通过建筑设计合理的确定窗户的位置、大小、数量和采光面积，保证光照强度和时间达到养猪要求。但是，自然光照需根据太阳高度角、当地纬度和赤纬等精确计算，保证入射角和透光角。为保证自然采光的需要，建议南方猪舍檐高度一般不小于3米，但是，一般不高于3.6米。

（2）人工光照　人工光照是人类利用人工光源发出光调节动物生产的方法。人工光照在无窗密闭舍内是必须采用的，对于其他类型生产设施可作为自然光照的补光手段。

人工光照也需要考虑光源、光照强度和光色等因素，安装时也需要考虑高度和数量等，并且人工光照要做好管理制度，否则有可能影响到生猪生产。照明宜采用节能灯，一般灯距3米、高度2.1~2.4米，如果地面采用高床式处理，则灯高需要增加相应尺寸。灯具要定期保养，擦拭干净。

三、总体规划布局

(一) 规划原则

1. 符合猪的生物学特性

应根据猪对温度和湿度等环境条件的要求设计猪舍，一般猪舍温度最好保持在10~25℃，相对湿度在45%~75%为宜。为了保持猪群健康，提高猪群的生产性能，一定要保证舍内空气清新，光照充足，尤其是种公猪更需要充足的阳光，以激发其旺盛的繁殖机能。

2. 适应当地的气候及地理条件

由于各地的自然气候及地区条件不同，对猪舍的建筑要求也各有差异。雨量充足，气候炎热的地区，主要是注意防暑降温；高燥寒冷的地区应考虑防寒保温，力求做到冬暖夏凉。

3. 简单实用，坚固耐用

可以在原建猪舍的基础上稍加改造，也可以用温室大棚。但是，必须便于控制疾病的传播，有利于预防和环境控制。

4. 便于实行科学的饲养管理

工厂化养猪的生产管理特点是"全进全出"一环扣一环的流水式作业。所以，在建筑猪舍时首先应根据生产管理工艺确定各类猪栏数量，然后计算各类猪舍栋数，最后完成各类猪舍的布局，以达到操作方便，降低劳动生产强度，提高管理定额，保证养猪生产的目的。

5. 卫生防疫

根据场内卫生防疫的要求，猪场内部的净道和污道需要严格分开，一般不得交叉。

(二) 总平面规划布局的原则

1. 总平面设计指导思想

①根据猪场的生产工艺设计要求，结合当地气候条件、地形地势及周围环境特点，因地制宜，按功能分区。

②充分利用场区原有的自然地形、地势，建筑物长轴尽可能顺场区的等高线布置，尽量减少土石方工程量和基础设施工程费用，最大限度减少基本建设费用。

③合理组织场内、外人流和物流，为生产创造最有利的环境条件、防疫条件和生产联系，实现高效生产。

④保证建筑物具有良好的朝向，满足采光和自然通风条件，并有足够的防火间距。

⑤猪场建设必须考虑猪粪尿、污水及其他废弃物的处理和利用，确保其符合清洁生产的要求。

⑥在满足生产要求的前提下，建（构）筑物布局紧凑、节约用地。

2. 总平面规划布局

场内总平面布局需要根据饲养规模、猪的品种、生产工艺、功能分区等来合理地规划布局各种构筑物，在能够满足生产的条件下，尽量节约土地。较大规模的猪场应该严格地划分生活管理区、生产区、生产辅助区、粪污处理区等。

3. 功能区平面布置

（1）猪场功能分区的一般要求

① 种猪舍位于猪场的最佳位置，地势高、干燥、阳光充足、

上风向、卫生防疫要求高。

②根据猪群特征和自然抗病能力，将保育舍依次放在育成育肥舍的上或侧风向，以便减少保育猪和育成猪的发病率。

③辅助生产区位置适中，便于连接生产区和生活管理区。

④生活管理区应布置在上风向或侧风向接近交通干线，内外联系方便。

⑤病猪隔离治疗室、无害化处理室等污秽设施应布置在远离猪舍的下风向地段。

进行总图规划时，需要根据上述原则，按照管理区在上风向地势高处、隔离区在下风向地势低洼处的原则进行布局；如果地势与风向恰好不一致，则需要考虑"安全角"设计法。

（2）猪场功能区的内容

①生产区：包括各种猪舍、消毒室（更衣、洗澡、消毒）、消毒池、药房、兽医室、病死猪处理室、出猪台、维修及仓库和值班室等。

②生产辅助区：包括饲料厂及仓库、水塔、水井房、锅炉房、变电所、车库和修配库房等，生产辅助区按照有利防疫和便于与生产区配合的原则布置。

③管理与生活区：包括办公、食堂、职工宿舍、厕所、传达室、更衣消毒室和车辆消毒设施等。管理与生活区应建在高处、上风处，且在大门内侧集中布置。

④隔离粪污处理区：隔离区应该包括隔离猪舍、粪污处理设施。粪污处理区是猪场的一个重要部分，对周边环境起到举足轻重的作用，也是关于猪场存亡的关键部分之一。

4. 猪舍排列方式

猪舍的排列与地势地形、生产流程和管理规定有关，其排列方式主要有单列式、双列式和多列式。

单列式是猪舍排成一列，其优点是生产流程和管理比较简单，净污道分别在房屋两侧；双列式则是在猪舍数量较多的情况下，为了减少占地的长度采用的方式，优点是布置相对集中，节省投资和运转费用；多列式一般采用多于三列的方式排布，这一模式对于大型养殖场较为适用，但是存在一些缺陷，如道路复杂。

5. 建筑设施规划布局

（1）猪场建筑设施组成　猪场的主要建筑设施是猪舍，为了能够满足生产的需求和工人生活的需求，还需要配备管理用房、生活用房、生产附属设施及粪污处理设施等。

（2）猪舍朝向选择　猪舍朝向的确定是一个细致的技术设计，其与当地的地理纬度、太阳的赤角和高度角、局部气候特征及地势地形等多种因素有关。猪舍朝向需要根据猪舍的配置方式来做第一步的确定。现代养猪业越来越重视环境控制带来的经济效益，很多猪场采用现代化的配置进行舍内环境控制，因此，朝向对于密闭式环控猪舍影响并不是很大。而对于自然通风和采光的猪舍，则需要从下面两个因素入手：一是日照条件，大致的原则是夏至时太阳光不能射入舍内，冬至时尽可能多地射入舍内；二是通风条件，合理利用常年主导风向，而这两个条件都受场地所处的地理纬度的制约。

（3）猪舍间距　猪舍间距主要考虑日照、通风、防疫和防火的需求。自然通风的猪舍一般猪舍间距为5倍檐高，但是，实际工作中，往往确定为8~12米。采用纵向通风时，两列式及多列式山墙间距可以取10~14米。

6. 竖向设计

竖向设计主要是解决排水问题。设计过程中，需要根据国土部门测绘的地形图标高来完成，调查好基地内部和周边地下排水排污管线及周边道路、建筑物标高。排水可以分为两类：地下管线和自然排水，对于选址区域地势变化大的，还需要根据标高来处理猪舍间距，不一定就需要按照固定尺寸来设计，可以因地制宜的来变化尺寸，从而节省三通一平的费用。在设计图上，需要给出设计标高，还需要画出新建建筑物与周边环境的关系，特别是道路的关系图。竖向设计尽量维持原来的地形地貌，减少土石方工程量，使得猪舍与自然生态环境紧密结合，浑然一体。排水坡度根据表 1 - 12 来确定。

表 1 - 12　　地下埋设雨水排水管道最小坡度

序号	管径（毫米）	最小坡度（‰）
1	50	20
2	75	15
3	100	8
4	125	6
5	150	5
6	200 ~ 400	4

7. 交通组织及排污组织

流线和交通是猪场的日常运营的命脉。设计中首先考虑的是猪舍列数。然后从猪舍类别、净污道分开、消防需求等几个方面考虑流线型式及长短。场内道路尽量短直，缩短路线，提高劳动生产效率。场内道路要求防水防滑，生产区不宜设直通场外的道路，以利于卫生防疫。道路需根据用途、车宽来确定宽度，载重车道及主干道需 3.5～7 米，电瓶车、手推车道及支路等需 1.5～4 米。为了能够满足消防的需求，消防半径不得小于 50 米，宽度不低于 4 米。

场区内部雨污分离。污水不应排放到河流、湖泊中，小型猪场的排污道可与较大的鱼塘相连，也可建在灌溉渠旁，在灌溉时将污水稀释后浇地。大型猪场应有专门的排污及污水处理系统，以保证污水得到有效的处理，确保猪场的可持续生产。

8. 水、电布局规划

水电布局在满足生产要求的条件下，同时需要满足以下原则。

①符合猪场生产工艺流程路线的要求，便于管理。

②最短水、电等管线铺设长度。

③环形布局，以免管道出现出现故障，不能供给。

9. 场区绿化

猪场绿化能够起到美化环境、调节场区小气候、减少空气污染、减弱噪声、利于防疫等作用。猪场的绿化应该根据整体布局来规划。生产区要求乔灌结合，地表种草，且以种植落叶类树木为主，如白杨、丁香等，也可以采用一些能够吸收臭气的木种，如银杏、刺槐、樟树、核桃、连翘等。各个区域之间宜采用乔木为主，灌木搭配，从而起到分割和防疫的作用，尽量采用具有杀菌功能的树种，也可以种植银杏、金银花等。道路绿化一般采用树冠整齐的乔木或亚乔木，如槐树、小叶榕和天竺葵等。生产管理区是猪场对外的形象区域，可以参考园林绿化的规划方式，花木结合，从而提升企业形象和美化员工生产生活环境。

第六节 猪舍建设

一、猪舍型式

猪舍的分类形式多样，一般可以按照以下几种方式分类。

（一）猪舍屋顶形式分类

猪舍根据屋顶的形式可以分为以下几类。

1. 单坡式

屋顶由一面斜坡构成，构造简单，投资少，通风透光性较好，但是冬季保暖性差。

2. 联合式

联合式，又称作不等坡式，优点与单坡式相同，保温性能较单坡式好，投资稍高。

3. 双坡式

双坡长度相同，保温性能明显优于单坡式和联合式，主要用于跨度较大的猪舍，因此对于建筑材料的要求也更高，投资更大。

4. 平顶式

顾名思义，屋顶是平面，一般用于气候区降雨量不大的地区。该模式的猪舍主要用于小跨度的猪舍，能够节省建材，但是不利于保温，时间稍长以后屋顶容易出现雨水渗漏现象。

5. 拱顶式

此种屋顶形式可以用于任何一种猪舍。在建筑材料性能越来越高的当今社会，拱顶式的构造更容易实现，但是结构设计要求相对于其他类型的屋顶更为苛刻，其屋顶的通风换气设计和建造难度更大。

（二）按墙体的结构和有无窗户分类

1. 开放式

开放式猪舍，猪舍墙体围护不全（三面有墙，一面无墙）或者只有柱体作为支撑屋顶的猪舍类型。具有建筑结构简单、节省材料、通风采光好等优点，但是，受外界气候影响较大，不能人为控制，不适宜在北方等寒冷地区使用。

2. 半开放式

半开放式猪舍是三面有墙，一面半墙，保温明显优于开放式猪舍，但是劣于密闭式猪舍。

3. 密闭式

分为有窗和无窗密闭式，更有利于控制舍内环境，减轻环境对于生猪生产的影响，通常用于寒冷地区或者温暖地区的仔猪所在类别猪舍。通常根据舍内猪栏排列方式又可继续分为单列封闭式、双列封闭式和多列封闭式猪舍3种。

（三）按猪栏排列分类

1. 单列式

猪栏按照一列排布，主要用于育肥猪舍、空怀猪舍和公猪舍等跨度一般不超过8米的猪舍。

2. 双列式

猪栏分为两列，中间有一条通道，猪舍内部两侧可以布置通道也可以不布置通道，根据气候区来确定两侧通道的设定与否。主要用于大跨度猪舍。

3. 多列式

猪栏分为三列或者更多，当猪舍长度超过50米时，为了便于操作，需要加设横向过道。

（四）按清粪工艺分类

1. 水冲粪猪舍

水冲粪的方法是粪尿污水混合进入缝隙地板下的粪沟，每天数次从沟端的水喷头放水冲洗。粪水顺粪沟流入粪便主干沟，进入地下贮粪池或用泵抽吸到地面贮粪池。该工艺需要在猪舍结构设计时做好前期工作，该工艺人工花费低，后续工艺需要进行固液分离，但是，耗水量大，基建和运行费用高，污水量大。

2. 水泡粪猪舍

水泡粪工艺主要优点是能够自动、及时、有效地清除舍内地板上的粪污，保持猪舍内部环境卫生，降低劳动力投入，但是，也存在耗水量大的缺点，且 COD、BOD、SS 都远远超过排放标准，需要对其进行综合处理以满足环保的要求。

水泡粪工艺分为深池式和浅沟式 2 种。

（1）深池式 深池式（深度 2.5 米左右）储粪，一般为养殖期末将池内液态猪粪和污水排放。但是由于在舍内暴露时间过久，会产生大量的硫化氢和甲烷等有毒有害气体，恶化猪舍内部环境，因此需要加设地沟风机来完成通风换气，否则容易危及猪的生活生产和人的身体健康。采用深池式的猪舍需要做好防渗，否则容易污染地下水，造成水质变差恶化，从而影响生产，同时该工艺动力消耗较高，投资较大，运行成本高。

（2）浅沟式 浅池式（深度 0.8～1.2 米）储粪，相对于深池式，可以减少建筑设施建造成本，同时粪污在舍内停留时间远小于深池式，运行费用相对低一些，但是，也需要做好机械通风设计，防止产生的有毒有害气体影响猪的正常生活生产。

3. 干清粪猪舍

该工艺能及时有效地清除畜舍内粪便，保持畜舍环境卫生，充分利用劳动力资源，减少用水和用电。该工艺能够保持固体粪便的营养物，提高有机肥肥效。干清粪工艺的主要方法是，粪便一经产生便分流，干粪由机械或人工收集、清扫和运走，尿及冲洗水则从下水道流出，分别进行处理。干清粪工艺分为人工清粪和机械清粪 2 种。人工清粪只需用一些清扫工具和人工清粪车等，设备简单，不用电力，一次性投资少，还可以做到粪尿分离，便于后面的粪尿处理，其缺点是劳动量大，生产率低。污水和尿液可以排至厌氧发酵系统，可产生再生能源——甲烷。

二、猪舍类型

猪舍按照饲养猪类别的不同可以分为以下几类。

(一) 公猪舍

种公猪主要作用是提供优质精液，而精液质量很大程度上取决于环境。公猪由于身上脂肪层较厚，因而怕热不怕冷，在设计过程中应该充分考虑其夏季降温的措施。特别是高温高湿地区，更应该做好防暑降温的工作，否则夏季生产很难保证，因为高温的影响在高温作用结束后依旧会持续 7～8 周。所以，舍内温度尽量控制在 15～20℃。

高温高湿地区，公猪舍如果采用开放式，屋顶应考虑采用好的隔热材料；如果采用全封闭式，应考虑通风换气和采用水帘风机降温。公猪栏多采用金属栏或者金属和砖混结合的混合栏。地面需做防滑处理，地面坡度一般不大于 3%，猪栏后端 1.5 米最好下降 10～15 厘米作为排粪－饮水区。

种公猪有很强的好斗性，在生产实践中应该一头一栏，限位栏面积约1.8平方米，大栏面积一般9平方米以上，从而避免由于争斗带来的经济损失。

（二）空怀舍

空怀舍常用小群饲养或者大栏群饲的模式，一般每栏4~6头或者80~200头，每头占栏2~3平方米。

（三）妊娠舍

妊娠舍一般采用双列式或多列式布局的方式，由于猪舍长度较长，中间加设过道一条，从而便于饲喂和清粪。如图1-3所示的是一种三列式布局的妊娠舍模式。

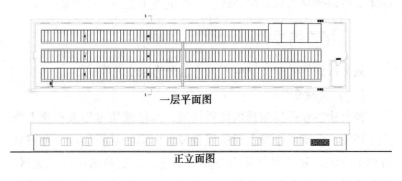

一层平面图

正立面图

侧立面图　　　　　　　　　剖面图

图1-3　三列式布局的妊娠舍

（四）分娩舍

现在新建的分娩舍多采用小单元式设计，以周为节律。小单元模式利于小环境的温度控制，便于全进全出，而且可以按周完成猪舍的密闭消毒，能够保证消毒更加彻底。尾部清粪区域地面抬高，能够保证清粪过程中人的操作空间，利于提高工作效率。如图 1 - 4 所示是小单元布局的一种分娩舍模式图。

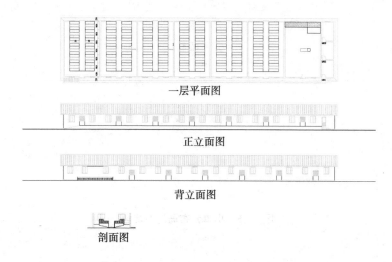

一层平面图

正立面图

背立面图

剖面图

图 1 - 4　小单元布局的分娩舍

（五）保育舍

现在新建的保育舍多采用双坡小单元式设计，躺卧区加设地暖，可以采用水暖或者电暖方式。小单元以周为单位设置，地面做抬高处理。地暖的应用和地面的分区处理利于提高仔猪成活率，能够满足仔猪的生产生活需求。图 1 - 5 所示的是一种小单元布局的保育舍模式。

（六）育肥舍

现在新建的生产育肥舍多采用单列式布置，如图 1 - 6 所示，地面后端排粪区下沉 10 厘米，从而很好的将地面进行功能分区，可采用自动食槽或者自制水泥通槽来保证饲喂的需求。

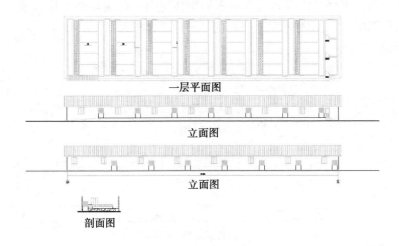

一层平面图

立面图

立面图

剖面图

图1-5 小单元布局的保育舍

一层平面图

立面图

剖面图

图1-6 单列式布局的育肥舍

三、猪舍基本结构

一栋完整的猪舍由墙体、屋顶、地板、门窗、排粪沟等构成。

(一) 墙体

墙体是围护结构的主体部分之一。墙体起到支撑屋顶，构成建筑空间和分割房间的围护和分割作用。墙体分承重墙和非承重墙两类，但是，为了能够减少采暖保温和隔热防暑的能源消耗，都要求墙体保温隔热性好。根据材料的不同，可将墙体分为砖墙、砌块墙和混凝土墙等，墙体的材料及厚度要看是否承重来设计。根据猪舍外墙形式可分为凉亭式（适用于南方炎热地区）、敞篷式、开放式、有窗式和半开放式等。墙体的模式，要坚持"设计上合理、经济上可行"的原则。设计工作者一方面需要考虑猪场建设者的资金投入力度，另一方面要考虑与猪生产相配套的各类设施的要求，不可以片面地追求一个方面。

(二) 屋顶

屋顶是猪舍顶部的覆盖构件，屋顶和墙体共同组成猪舍的外围护结构，且屋顶是主要的隔热结构之一，起到防风避雨和遮挡太阳辐射的重要作用。因此屋顶必须满足隔热保温的需求，材料选择上需要根据各地区的气候参数进行优化选取。

(三) 地板

猪舍的地板不同于民用建筑和工业建筑的地板。猪舍的地板是猪生产生活与生命活动和生产活动的承载体，为了保证其生产需求，需要对地板定期进行消毒处理。猪的行为学特性决定了猪舍的地板需要坚固耐用，但是，又不能太硬，还不能太光滑，以免伤到猪蹄而造成不必要的经济损失，因此，要求地板有一定的耐磨性和弹性，且防水易于清洗消毒。地板分为实体地板和漏缝地板，根据材料的不同，又可以继续分类。

（四）门窗

门起到连接猪舍内外的作用，可以分为平开门、卷帘门和推拉门等。一般情况下，猪场多采用平开门和卷帘门。如果单扇门，一般宽度为 0.9~1.0 米，双开门宽度为 1.2~1.5 米，如果宽度更大则可以考虑使用卷帘门，各类门洞高度一般为 2.1~2.4米，饲料加工间为了便于卸料，可以适当加高到 2.7 米左右。

窗户则是自然采光和通风的主要设施。因此，选型上需要考虑透光系数高的类型，且易于开启和有效通风面积大。窗户一般设置在横墙上。自然光需根据太阳高度角、当地纬度和赤纬等精确计算，保证入射角和透光角，确定窗户的位置、大小、数量和采光面积，保证光照强度和时间达到养猪要求。

（五）排粪沟

室内排粪沟不宜过深，否则将给生产带来不便，且过深容易导致粪污集结，滋生蚊蝇等。舍内可按 5~10 厘米深的坡度即可，要求粪沟内部无污水存留即可。水冲粪式可适当加深，以免水漫过粪沟流入舍内地面，造成室内相对湿度较高。

第七节　设备选型

猪场设备指为各类猪群生长创造适宜温度、湿度和通风换气等使用的设备，主要有供热保温、通风降温、环境监测和全气候环境控制设备等。先进设备是提高生产水平和经济效益的重要保证。猪场养殖设备主要有：猪栏、漏缝地板、饲料供给及饲喂设备、供水及饮水设备、供热保温设备、通风降温设备、清洁消毒设备及运输设备。

一、养殖设备

猪栏

猪栏的使用可以减少猪舍占地面积，便于饲养管理和改善环境。不同的猪舍应配备不同的猪栏。猪栏按结构分有实体猪栏、栅栏式猪栏、母猪限位栏、高床产仔栏和高床保育栏等；按用途有公猪栏、配种栏、妊娠栏、分娩栏、保育栏和生长育肥栏等。

1. 实体猪栏

实体猪栏即猪舍内圈与圈之间以 0.6~1.4 米高的实体墙相隔，其优点在于可就地取材、造价低，利于防疫，缺点是通风不畅和饲养管理不便，浪费土地。该种猪栏适用于小规模猪场。

2. 栅栏式猪栏

栅栏式猪栏即猪舍内圈与圈之间以 0.6~1.4 米高的栅栏相隔，占地小，通风性好，便于管理。缺点是耗费钢材，成本较高，且不利于防疫。该种猪栏适用于规模化、现代化猪场。

3. 综合式猪栏

综合式猪栏即猪舍内圈与圈之间以 0.3~0.6 米高的实体墙相隔，上面 0.3~0.8 米高用金属栏，沿通道正面用实体墙或栅栏。集中了二者的优点，适用于大小猪场。

4. 母猪单体限位栏

单体限位栏为钢管焊接而成，前面处安装食槽和饮水器，尺寸为 2.1 米 ×0.6 米 ×1.0 米（也可长度采用 2.0 米，宽度采用 0.625 米、0.65 米或 0.7 米），用于空怀母猪和妊娠母猪（图 1-7）。其优点是：与群养母猪相比，便于观察发情，便于饲养管理；其缺点是限制了母猪活动，易发生肢蹄病。该种猪栏适于工厂化、集约化养猪。

图1-7　空怀猪栏

5. 母猪高床分娩栏

母猪高床分娩栏用于母猪产仔和哺育仔猪，由漏缝地板、围栏、母猪限位架、仔猪保温箱和食槽构成（图1-8）。漏缝地板采用由冷拔圆钢编成的网或塑料漏缝地板、铸铁漏缝地板、圆钢焊接漏缝地板及倒三角漏缝地板。围栏为钢筋和钢管焊接而成，一般2.2米×1.8米×0.6米（长×宽×高），钢筋间缝隙4.5厘米；母猪限位架一般为2.2米×0.65米×（0.9~1.0）米（长×宽×高），架前安装母猪食槽和饮水器，仔猪饮水器安装在前部或后部；仔猪保温箱尺寸通常是1米×0.6米×0.6米（长×

宽×高）。其优点是占地小，便于管理，防止仔猪被压死和减少疾病，但投资较高。

图1-8 哺乳母猪产床

6. 高床保育栏

保育栏主要用于4~10周龄的断奶仔猪，多数保育栏的结构同高床产仔栏的底网和围栏，一般高度0.6米，离地50~60厘米，占地小，便于管理，但投资高，规模化养殖多用。其他保育栏也有采用部分漏缝地板或者全漏缝地板，如图1-9所示的是一种采用部分漏缝地板浅池水泡粪保育舍。

7. 公猪栏

公猪舍栏主要用于养殖成年公猪和选留后备公猪。公猪一头一栏，占栏面积可以参考国家标准和地方标准来确定，如重庆地

图1-9 保育猪栏

区可以参考《种公猪饲养管理技术规程（DB50/T 308—2009）》，栏高1.2~1.4米即可。种公猪应有适宜的饲养密度，见表1-13。

表1-13 种公猪的饲养密度

猪群类别	每栏饲养数（头）	每头猪占栏面积（平方米）
后备公猪（选留前）	4~6	1.5~2.0
种公猪	1	≥9.0

8. 空怀栏

空怀栏一般可以采用小圈饲养，一般每圈4~6头。利于人为观察发情等。如果采用金属栏，栏高可以设置为0.8~1.0米。如果是实体栏，为了防止猪跳墙，高度可适当提高一点。

9. 育肥栏

育成育肥栏有多种形式，如实体地面和混合地面等，一般要求地面坡度 2% ~3%，栏高 1.0 ~1.2 米（图 1 -10）。

图 1 -10　育肥猪栏

二、保温设备

现代化猪舍的供暖，分集中供暖和局部供暖 2 种方法。集中供暖主要利用热水、蒸汽、热空气及发热膜等形式。在我国养猪生产实践中，多采用热水供暖系统，该系统包括热水锅炉、供水管路、散热器、回水管及水泵等设备；局部供暖最常用的有电热地板和电热灯等设备。

目前，多数猪场采用高床网上分娩育仔，要求满足母仔不同的温度需要，如初生仔猪要求 34 ~32℃，母猪则要求 15 ~22℃。常用的局部供暖设备是采用红外线灯或红外线辐射板加热器。前者发光发热，其温度通过调整红外线灯的悬挂高度和开灯时间来调节，一般悬挂高度为 400～500 毫米；后者应将其悬挂或固定在仔猪保温箱的顶盖上，辐射板接通电流后开始向外辐射红外线，在其反射板的反射作用下，使红外线集中辐射于仔猪卧息区。由于红外线辐射板加热器只能发射不可见的红外线，还需另外安装一个白炽灯泡供夜间仔猪出入保温箱。

（一）电热地暖

电热地暖也称为电地暖，是相对于传统的水地暖而言的，通常包括电缆地暖、发热膜地暖和碳晶地暖 3 类（图 1-11）。电热地暖具有耐用时间长、可靠性高；制热效率高和速度快等方面的优点。

图 1-11　电热地暖

图 1 – 12 水暖

（二）水暖

水暖包括热水锅炉、热水管和回水管等，管道外部需包裹保温材料，防止热量在输送过程中过多散失到外界环境中去（图 1 – 12）。

（三）保温灯

吊挂式红外线加热器见图 1 – 13。

（四）保温板

保温板见图 1 – 14。

（五）热风炉

热风炉见图 1 – 15。

图 1 – 13　吊挂式红外线加热器

三、通风降温设备

通风降温设备指为了排除舍内的有害气体，降低舍内的温度和控制舍内的湿度等使用的设备。

(一) 水帘风机

水帘降温是在猪舍一方安装水帘，另一方安装风机，风机向外排风时，从水帘一方进风，空气在通过有水的水帘时，将空气温度降低，这些冷空气进入舍内使舍内空气温度降低（图 1 – 16）。

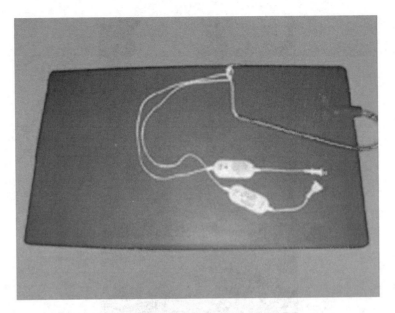

图1-14 保温板

不同湿度条件下湿帘风机降温效果对比见表1-14。

表1-14 不同湿度条件下湿帘风机降温效果对比

室外温度 (℃)	室外相对湿度								
	10	20	30	40	50	60	70	80	90
10	3.2	4.0	4.8	5.6	6.4	7.2	8.0	8.6	9.4
15	6.6	7.8	8.8	9.8	10.8	11.7	12.6	13.4	14.3
20	10.1	11.4	12.8	13.9	15.2	16.2	17.2	18.2	19.2
25	13.4	15.0	16.6	18.0	19.4	20.6	21.8	22.9	24.0
30	16.6	18.6	20.4	22.0	23.6	25.0	26.4	27.7	28.9
35	19.8	22.2	24.2	26.2	28.0	29.6	31.0	32.4	33.7
40	23.0	25.6	28.1	30.4	32.3	33.9	—	—	—
45	25.9	29.2	32.0	34.4	—	—	—	—	—

图 1 – 15　热风炉

图 1 – 16　水帘风机

（二）畜禽空调

特殊猪群使用畜禽空调，温度适宜，只是成本过高，不宜大面积推广，现多用于公猪舍（图1-17）。

（三）滴水降温系统

滴水降温是一种经济有效的降温方法，水滴滴到猪的颈部背部蒸发可降低体温，适合于单体定位的哺乳母猪与怀孕母猪。滴水降温必须结合通风，因为只有水分的蒸发才能将起到降温的作用。同时，在产房滴水不能太大，否则，太湿易造成哺乳仔猪腹泻。

（四）喷雾降温系统

多采用高压喷头（图1-18）将水滴雾化成直径在50~80微米的雾滴，使水滴落到动物或地表面以前就完全汽化，从而吸收室内热量，达到降温目的。国外研究表明，高压喷雾系统在育肥猪舍和断奶母猪舍夏季降温使用效果较好，降温幅度达5℃，同时也可以减少猪舍内的粉尘。另外一种喷雾降温系统是集中细雾降温系统，此法也称为沸腾炉式集中雾化降温系统，是在建筑的进风口处设置喷雾室进行集中喷雾降温，使雾滴产生类似于工业沸腾炉中粉粒的运动，增加了气流与水滴的接触时间，提高了降温效果，并且未蒸发完的雾滴可落入集水池循环使用，避免了在室内直接喷雾淋湿猪体表和地面的问题，对泵和喷雾装置的要求同时也大大降低，该系统相当于在吸气口的外侧设置喷雾室代替湿帘。我国学者研究表明，在夏季室外相对湿度55%~60%，干湿球温差6~8℃的常见情况下，集中细雾降温装置可将进入舍内的空气气温降低5~6℃，舍内平均气温比舍外低4℃左右，舍内相对湿度一般不高于80%。美国学者报道，细雾降温系统投资较低（在美国相当于湿垫降温系统的1/2左右），且适应性广，密

图1-17 畜禽空调

闭与开放舍、机械通风与自然通风均可采用，使用灵活，喷雾设施可兼用作消毒。但是，细雾降温的降温效率还是比湿帘低，主要原因在于细雾分布不均匀，部分空间因分布雾滴少降温效果不好。

在夏季降温的各种手段中，蒸发降温是最经济的，不足之处在降温的同时也会使湿度增加，这是由其降温原理决定的难以克服的缺陷。因此，在湿度较大的气候环境下不能达到好的降温效果。所以，要在这些限制以内尽量发挥蒸发降温的潜力，是蒸发降温技术之难点所在。尽管有其局限性，但由于能解决猪舍夏季生产中高温这个主要矛盾，而且经济性好，仍然不失为猪舍夏季生产的有效降温手段。

（五）常用降温设施的影响因素

降温效果经常会受到各种因素的影响，使降温效果不理想，下面是几种容易出现的影响因素。

1. 进风口封闭程度

水帘降温是进风通过水帘时吸收热量，但如果风不从水帘处进，那就没有降温效果了。因为水帘降温的猪舍一般较长，中间有许多窗户，如果窗户未关严，那么进风会走短路；而从窗户吸进的风不是已降温的空气，而是外面更热的空气，不但不能使空气温度降低，还会使局部温度升高；所以，要求水帘降温时必须将其他所有的进风口关严，以防短路。

2. 水降温时的供水与排水

使用水降温时，用水量是非常大的，如果猪场水源不充足，或者高温季节电力供应不足，都会使水供应不足，影响降温效果。这个现象在许多猪场出现过，尽管有先进的设施，但却起不到作用。

3. 风扇的覆盖面（吊扇）风吹到的地方才降温

风扇降温是风吹到猪身上才有降温效果。而风吹不到的或风很弱的区域则没有效果或效果不理想，风扇降温时容易出现这种

图1-18　喷头

情况。如果一个风扇负责几个猪栏，那会出现部分猪起不到降温效果。使用风扇时必须注意风是否能吹到猪身上。

4. 遮阴时的空气流通

猪场种树或使用其他遮阴物，可以阻挡阳光直射，但因遮阴物占用空间较大，往往影响空气流通，如果再遇上猪舍窗户面积小，猪舍的空气就变成无法流动，大密度猪群自身产生的热量却无法排出，仍处于高温状态；所以，使用遮阴降温时，必须配合加大窗户面积，或是使用风扇降温，否则出现闷热天气时，猪群会受到更大的伤害。

5. 窗户的有效面积

窗户的作用一是采光，二是通风。现在许多猪场只考虑采光而不考虑通风，这在使用铝合金推拉窗户时最明显。相对于通风来说，通风量只相当于窗户面积的一半，无法进行有效的通风。另外，窗户的位置对通风效果也有影响。一般情况下，位于低层的进风口通风效果更好。在夏天，地窗的作用就远大于普通窗户了。所以建议，猪场在使用推拉式铝合金窗户时，高温季节应将窗扇取下，以加大通风面积。如果给每栋猪舍预留部分地窗，夏天时拆除使用，冬季时堵住，既不增加成本，也起到了夏季降温的作用，也不会影响冬季保暖。

6. 哺乳猪舍的降温

哺乳猪舍降温是夏季降温的最大难题。因为猪舍里既有怕热的母猪，还有怕冷的仔猪，而且仔猪还最怕降温常用的水。这使得许多降温设施无法使用，这样就很难做到温度适宜不影响母猪采食的效果。过去提倡的滴水降温，因水滴不易控制也效果不好。针对哺乳母猪的降温，下面的措施可以考虑：一是抬高产床，加大舍内空气流通。产床过低时，容易使母猪身体周围形成空气不流通，母猪散发的热量不易散发，使母猪体周围形成一个相对高温的区域；抬高产床，则使空气流能顺畅，通过空气流动起到降温作用。二是保持干燥。水可以降温，但仔猪怕水，在哺乳舍尽可能少用。此外，如果猪舍湿度大，则水降温效果会变差。而如果舍内空气干燥，一旦出现严重高温时，使用水降温就会起到明显的效果；而且短时间的高湿对仔猪的危害也不会大。所以建议，不论任何季节，哺乳猪舍在有猪的情况下，尽可能减少用水；而且一旦用水，也要尽快使其干燥。三是加大窗户通风面积。四是局部使用风扇。使风直吹母猪头部，可起到降温作用。一般情况下使用可移动的风扇，特别是在母猪产仔前后，可明显起到降温作用。

四、通风换气设备

（一）通风小窗

通风小窗（图1-19）主要用于封闭式猪舍，在断电的条件下，起到紧急通风的作用。因此配置过程中需要考虑数量和通风量的限制，避免断电带来不必要的经济损失。

图1-19　通风小窗

（二）风机

风机按作用原理分为透平式风机和容积式风机（图1-20）。透平式风机通过旋转叶片压缩输送气体的风机。透平式风机又可分为离心式风机、轴流式风机、混流式风机和横流式风机，其中，用于猪场的多是负压轴流式风机和离心式风机。

负压轴流式风机投资少，耗能低、降温效果显著，若配合水井的水作为水箱的水源效果更佳，一定程度下能比拟空调的效果。

离心式风机的工作原理与透平风机基本相同，只是由于气体流速较低，压力变化不大，用于管道通风。

图1-20 风机

换气扇由电动机带动风叶旋转驱动气流，使室内外空气交换的一类空气调节电器。目的就是要除去室内的污浊空气，调节温度、湿度和感觉效果。但是，在高温地区，换气扇作用远低于其他降温设备。

五、饲料设备

（一）饲料加工设备

养猪生产中，饲料设备关系到饲料利用率和劳动强度等方面。国外猪场为了节省人力开支，一般采用自动化饲喂设备。一般中大型猪场，乳仔猪饲喂市场成品料，后备猪、妊娠猪、生长育肥猪、哺乳母猪和公猪都自购能量饲料、蛋白饲料、添加剂和浓缩料自行加工。场内自行加工首先需知道加工饲料的基本要求，即配料是心脏，粉碎是关键，混合是质量。根据猪场的规模，配套相应的设备。

加工设备：包括饲料粉碎机和混合机。粉碎机一般选用齿爪式或锤片式，各猪场需根据实际进行混合机设备选型。

贮料塔：贮料塔多用 2.5~3.0 毫米镀锌波纹钢板压型而成，饲料在自身重力作用下落入贮料塔下锥体底部的出料口，再通过饲料输送机送到猪舍。

计量设备：电子秤和台秤等。

混合设备：混合机的关键是混合均匀度。当前市场主要有立式和卧式 2 种机型。卧式混合机又分为单轴和双轴机，此机型国内种类繁多，猪场需根据猪场规模进行设备选型，一般可选 200~500 千克/批次的混合机。

输送设备：如果采用的是单机组合，在饲料生产过程中，要利用输送工具，根据实际生产情况，可选择斗式提升机和螺旋输送。饲料日生产量超过 20 吨，可考虑输送带输送原料和成品车间内转送。

（二）喂料设备

1. 自动料线

自动料线见图 1-21。

图 1 – 21 自动料线

2. 自动食槽

自动食槽见图 1 – 22。

图 1 – 22 自动食槽

3. 料车

粉状料运输车见图 1 - 23。

图 1 - 23　粉状料运输车

六、清洁消毒设备

集约化养猪场由于采用高密度饲养，必须有完善严格的卫生防疫制度，对进场的人、车辆和猪舍环境都要进行严格的清洁消毒，才能保证养猪高效率安全生产。要求凡是进场人员都必须经过温水彻底冲洗、更换场内工作服，工作服应在场内清洗、消毒，更衣间设有热水器、淋浴间、洗衣机和紫外线灯等。集约化猪场原则上保证场内车辆不出场，场外车辆不进场。为此，装猪台、饲料或原料仓和集粪池等设施应在围墙边。考虑到猪场的综合情况，应设置进场车辆清洗消毒池、车身冲洗喷淋机和喷雾器等设备。

第二章

种猪引进

养猪企业每年必须要更新种猪，种猪的更新率及更新质量关系到养猪企业的命运。但是，许多客户在进行引种时存在很多误区，常常导致引种失败。对于初次引种的猪场，后备种猪的引进是非常关键的一步，甚至可以说是决定猪场未来命运的关键一步。种猪引进是一项系统工程，理应作为一个项目来运作，需要猪场相关部门通力合作；猪场部门间既要分工又要协作，一般来说生产部门负责引种计划的制定，生物安全部门负责引种猪只疫病抽检、隔离、免疫管理等，采购部门负责对种猪供方的评价。

第一节　种猪供方的评价

一、供种地的评价

1. 了解引种地疫病发生情况，疫病种类及其危害性

各引种场引种前必须充分调研种猪来源场及所在地近 3 年来的猪疫病流行情况，重点关注重大病毒性传染病，诸如高致病性蓝耳病、猪传染性胃肠炎、流行性腹泻、猪瘟等疫情状况，结合抽样检测结果，综合评价决定能否引种。

2. 疫病发生时是否采取过隔离、扑杀、封群净化措施

未扑杀而经过封群繁育后没有再感染的猪场，说明综合防治措施得当，若猪群生产性能恢复正常，反而表明其净化措施有效，对该病的免疫力、耐受力较强。

3. 对哪些疫病进行了免疫接种

认真分析以上情况，确保引种地、引种猪场猪群健康。一般正规的种猪场都有种畜禽生产经营许可证，但很多私人猪场也销售种猪，却没有生产经营许可证，这种类型的种猪一般没有质量保证，种猪参差不齐，有的用商品猪充当父母代种猪或以父母代种猪充当祖代种猪，引种后容易出现问题。因此，引进种猪要去信誉好、质量有保证的正规猪场，并且最好在同一个种猪场引种，避免不同猪场的不同抗体水平的种猪交叉感染。

二、种猪供方评价

（一）资质情况

①具有在有效期内的县级以上人民政府畜牧行政主管部门核发的《种畜禽生产经营许可证》。

②具有在有效期内的工商行政管理部门核发的企业法人《营业执照》。

（二）资源情况

①种猪来源于国家确认的国内外高级别种猪场。

②有独立的育种场所，完整的引种、育种资料和记录。

③种公猪按保种或选育要求不得少于6个家系，系谱清楚。

④猪群性能及质量水平

种猪的生产性能，如情期受胎率、总产仔数、活产仔数、初生窝重、21日龄窝重、断奶仔数、育成率；育肥猪日增重、料重比、瘦肉率等；饲料来源、营养水平与饲养方法；种猪出场质量标准等。

（三）软件硬件条件

①有明确的选育目标和群体规模。

②有相应的育种软件、育种设施设备和育种人员。

③建场历史。一般老场病原复杂、疫病较多。

④服务能力。售前、售中、售后的服务及质量保证措施。

⑤技术力量。猪场畜牧、兽医技术人员及管理人员构成情况，其专业知识、敬业精神、实际经验与工作时间长短，这些因素对猪群生产性能及开展场内选育改良工作具有较大影响。

（四）种猪出售方法

不同品种出售体重、出售方法及价格以及承运期间应激死亡、病检损失费用的承担办法。

（五）信誉

选择从畜牧行业相关法规及技术规范执行情况良好，上级监管严格且信誉好的大型种猪场引种。

三、对种猪品种的基本要求

①种猪应达到相关的国家标准、行业标准、地方标准或者企业标准。

②主要特性、特征明显，生产性能优良，遗传性状稳定，与其他品种有明显区别。

③品种群体数量及结构达到品种标准要求。

④须随带加盖种猪生产单位公章的《种畜禽合格证》和种猪系谱。

第二节　种猪品种及评价

一、地方猪种

（一）地方猪种简介

我国地域辽阔，地形气候复杂多样，生态生产条件各异，养猪形式、生活习惯丰富多彩，加之经济发展水平的不同，形成了大量各具特色的地方猪种。按猪种的起源、自然地理条件、社会经济条件的区划原则，地方猪种可大致划分为华北、华中、江海、华南、西南和高原6个主要的地区类型。

（1）华北型　分布区域以长江、秦岭为界，主要分布在内蒙古自治区（以下简称内蒙古）、新疆维吾尔自治区（以下简称新疆）、东北、黄河流域和淮河流域，该类型猪特点是毛色几乎全为黑色，繁殖力强，产仔10~12头，代表性猪种有民猪、河套大耳猪、哈白猪、伊犁白猪、八眉猪。

（2）华南型　分布在南岭以南，云南省的西南及南部边缘、广西、广东省偏南的大部地区、福建的东南角和我国台湾等地，该类型猪毛色以黑白花斑居多，繁殖力较低，一般产仔8~9头，代表性猪种有陆川猪、大花白猪、五指山猪。

（3）华中型　分布于我国中部省市、华北型与华南型的过渡地带，该类型猪毛色多为黑白花，一般产仔10~12头，代表性猪种有赣南花猪、金华猪、宁乡猪、通城猪。

（4）西南型　分属于云贵高原和四川盆地，该类型猪毛色分黑、黄红、花3种，以黑色居多，独有荣昌猪为白色（眼周黑），繁殖力中等，一般产仔平均 10 头左右，代表性猪种有内江猪、荣昌猪、柯乐猪、撒坝猪等。

（5）江海型 分布于华北、华中两大类型的过渡地带，处在汉水和长江的中下游，该类型猪毛色以黑色、花色为主，繁殖力极高，产仔数 13 头以上，代表性猪种有太湖猪、姜曲海猪。

（6）高原型 分布于青藏高原区的西藏、青海及甘肃、四川、云南的部分地区，该类型猪体型很小，外貌像野猪，毛色为黑色、灰褐色及黑白花，繁殖力较低，一般 5 ~ 6 头，鬃质好、产量高，藏猪是代表性猪种。

（二）地方猪种种质特性

1. 适应环境能力强

在云南、贵州、四川的部分地区及青藏高原，地方猪种能适应当地粗放的饲料饲养条件。如藏猪能适应高海拔、高寒、低氧压的严酷条件，在耐热、高温高湿下的适应性、耐饥饿、抗病力方面，我国地方猪种也有良好表现。

2. 性成熟早

我国猪种的初情期、性成熟期一般都比外国猪种早，初情期平均 98 日龄，性成熟期平均 131.29 天（许振英，1989）。有些猪种（海南猪等）的小公猪 60 日龄即可配种，而国外猪种大白猪的初配日龄平均为 210 天。我国猪种不仅性成熟早，而且发情明显，这种特性在杂交利用、新品种培育及生产推广应用上具有缩短生产周期、节约成本等优势。

3. 肉质优良

在肉质品质上，中国猪种表现尤为出色。中国地方猪肌肉颜色鲜红，系水力强，干物质及肌内脂肪含量高，大理石纹适中，肌纤维细且数量多，在风味口感上表现为柔软、细嫩、多汁、味香。如民猪、河套大耳猪、姜曲海猪肌内脂肪含量分别比长白猪、大约克猪高 1.18%、5.58%、2.86%（引自彭中镇等，1994）。

4. 品性温良、母性好

有利于降低圈栏成本、减少压死等，便于管理及推广养猪新技术。

（三）利用方式

1. 杂交利用

以地方品种母猪为母本与长白、大约克、杜洛克、皮特兰或皮杜等外种猪的二元、三元、四元杂交利用。"母猪本地化、公猪外种化、肥猪杂种化"就是地方猪种利用的好经验。"两洋一土""一洋一土"以及"三洋一土"是地方猪种利用的好模式。

2. 培育新品种（品系、配套系）

利用地方猪种适应性强、肉质好的优良特性，结合外种猪优点，培育繁殖性能优、生长速度快、饲料报酬高的新品种（品系、配套系），是地方猪种利用的新趋势。如北京黑猪、伊犁白猪、上海白猪、湖北白猪、渝荣Ⅰ号猪配套系的培育与利用。

3. 小型猪利用

如利用香猪生产高档肉食品或烤乳猪，适应市场需要。或利用其培育医用动物或宠物也是一种利用方式。

二、培育猪种

（一）培育猪种简介

中国培育猪种的培育过程大致可分为 19 世纪 50 年代的引入杂交和 20 世纪 50 年代以后的选育定型阶段。新中国成立后，各级政府非常重视猪品种资源的保护和开发利用工作。从 1972—

1982 年，经省、市、自治区主管部门鉴定验收的猪新品种（品系）有 15 个；从 1983—1990 年，我国又相继育成猪新品种（品系）25 个。1996 年 1 月，农业部批准成立了国家畜禽遗传资源管理委员会，从 1997—2005 年，有 10 个猪种（新品种、配套系）通过国家畜禽遗传资源管理委员会的审定。列入《中国畜禽遗传资源志·猪志》（2011）的培育猪种有 18 个。

总结我国培育猪种的育种历史，归纳其技术路线，主要有 3 条。

① 以血缘不清的杂种群为基础进行整群选育而成，如北京黑猪和新金猪等的培育。

② 以杂种群为基础，引进 1～2 个外来品种杂交后横交固定而成，如哈白猪和上海白猪等的培育。

③ 按计划开展的杂交育种，如汉中白猪和三江白猪等的培育。这类猪种约占我国培育猪种的 60% 以上。

为使我国小型猪遗传资源得到充分利用，在小型猪的实验动物品系培育方面开展了大量工作，取得初步成绩，已培育 7 个小型猪近交系或封闭群：五指山猪近交系、海南五指山猪近交白系、版纳微型猪近交系、广西巴马香猪封闭群、贵州小香猪（从江香猪）封闭群、贵州剑河白香猪 Ⅱ 系和中国试验用小型猪封闭群。

（二）培育猪种种质特性

培育猪种不仅具有地方品种适应性强、耐粗放管理、繁殖力高、肉质好等特点，同时在肥育性状和胴体瘦肉率方面也达到了相应的水平。与地方猪种相比，培育新品种（品系、配套系）在生长速度、饲料报酬和瘦肉率上有较大提高，表现出较好的生产性能：经产仔数 9.68～14.6 头，日增重 443～666 克，胴体瘦肉率 43.00% ~ 62.37%，屠宰率 67.69% ~ 76.55%，三点均膘 2.49 ~ 5.21 厘米；培育的配套系生产性能为：经产仔数 9.88 ~ 13.5 头，达 90 千克体重日龄 147.0 ~ 178.9 天，日增重 702 ~ 928 克，活体背膘 1.06 ~ 1.96 厘米，饲料转化率 （2.38 ~ 3.19） ：1，胴体瘦肉率 55.98% ~ 68.00%。

（三）培育猪种利用方式

培育猪种作为当家母本品种，以二元杂交方式生产高质量瘦肉型猪，为满足市场需求、推动养猪业迈上新台阶提供了扎实的物质基础。

作为新品种和配套系培育的素材，培育猪种可缩短育种周期、加速育成新品种（配套系），如昌潍白猪就是以培育猪种哈白猪和里岔黑猪为育种素材历经 17 年培育成功的，军牧一号猪即以培育品种三江白猪为母本选育而成。

三、引进猪种

（一）引进猪种简介

我国从 19 世纪末起先后引进外来猪种 10 多个，其中，巴克夏猪、大约克夏猪、长白猪、杜洛克猪对中国猪种改良影响较大，列入《中国畜禽遗传资源志·猪志》（2011）的引入猪种有 6 个。外种猪大致情况见表 2 - 1。

表 2 - 1　引入猪种简略表

序　号	名　称	原产地	外　貌
1	巴克夏猪	英国	黑色兼六白
2	大约克夏猪（大白猪）	英国	白色
3	兰德瑞斯（长白猪）	丹麦	白色

（续表）

序　号	名　称	原产地	外　貌
4	杜洛克猪	美国	棕色
5	汉普夏猪	美国	黑色、肩带白
6	皮特兰猪	比利时	黑白花

（二）引进猪性能特性

1. 生长肥育性能好

引进猪种体格高大，体型匀称，中躯呈圆桶型，四肢肌肉丰满，后备猪生长发育快。20～90千克日增重600～700克，料重比3.0～3.2，100千克体重活体背膘2厘米以下。

2. 胴体瘦肉率高

100千克体重屠宰时背膘薄、眼肌面积大、后腿比例大，瘦肉率一般在55%～65%，高者可达70%。

3. 性成熟晚

性发育迟，发情表现不明显，发情期几乎无减食停食现象；发情观察、配种较难；利用年限短，高产品种一般2～4年。

4. 肉质较差

出现PSE肉的比例较高，尤其是皮特兰；pH值、肉色、大理石纹评分及肌内脂肪含量均不如中国地方猪种。

5. 饲养管理要求较高

对饲料营养水平要求高，对粗放饲养管理条件、高温高湿、高海拔及饥饿环境下的适应性及忍受力较差。

（三）利用方式

1. 杂交利用

为克服地方猪种生长慢、饲料报酬低、瘦肉率低的缺点，我国先后多次引进外种猪，与本地猪种进行杂交生产瘦肉型商品猪，为满足市场需求、提高人们生活水平发挥了巨大作用。土二元、土三元就是中外猪种间两种主要的杂交利用方式。洋三元（DLY）是外种猪间杂交利用主要模式，目前主要适应于大中城市郊区和经济发达地区。

2. 作为培育新品种、配套系的原始素材

为了综合地方猪种肉质优、适应性强的优势和外种猪生长快、省饲料、瘦肉多的特性，我国开展了大量以地方猪种和外种猪为遗传材料的育种工作，取得了可喜的育种成绩。

第三节　引种前的准备工作

一、制定引种计划

根据养猪生产需要，按种质、血缘更新、新建猪场、培育新品种、新品系等不同情况，制定引种及种猪更新计划。

（一）猪群及血缘更新

生产性猪场为使猪群性能处于良好状态，通常保持一个合理的年更新率，一般定为25%～35%。若基础母猪100头，更新种猪均从外引进，按25%计算则需引进母猪25头。从疾病防疫和安全保障出发，引进种猪数占需要更新种猪数的比例，公猪按15%～20%、母猪按5%～10%的比例来引种比较合适，其余种猪由自群繁育补充。中大型种猪场尽量采用自繁、自养和自育方式组织生产。

（二）新建猪场

应根据设计生产能力、市场需求、资金及技术条件，猪场类型（原种、扩繁或商品场），种猪、肉猪计划生产头数，依据现有可利用猪种的生产性能及质量条件，认真分析、比较，确定需要引进的品种类型、体重、公母头数及质量要求。

（三）新品种培育及猪种改良

需根据所处生态环境、生产条件和经济发展水平，确定新品种培育目标及需要利用的品种资源，具体引种计划依据新品种培育方案执行。

二、客户查访

从猪场已有客户处了解种猪生产性能及遗传稳定性、对环境的适应性，也可知道其售后服务与技术水平，可减少后顾之忧。

三、引种申请

按《种畜禽管理条例》和其他法律法规，提前 3 个月向上级主管部门提出引进种猪申请，说明引进种猪的理由，引进种猪的品种、数量、生产性能、生产场名和运猪路线等，报请上级主管部门批准或备案后再引进种猪。

四、签订合同

引种前，要按照国家有关法律法规规定，与供种场签订引种合同，把引进的品种、数量、体重、单价、时间、售后服务及有关责、权、利等事项以合同的形式确定。

五、隔离舍准备

隔离舍距猪场最好 1 千米以上。对隔离舍、用具、设备进行检查维护确保完好后彻底消毒 2 次以上，空置 7 天后才能进猪。

第四节　引种时的注意事项

一、引进的数量

根据猪场自身的情况如分娩舍的多少、生产种猪更换的比例等确定引进后备母猪的数量，最好在逐步摸清其习性的基础上分批引进。有的养猪户比较急躁，新猪场一上马就将全部后备母猪引回去。这样做的弊端有几个：一是自身猪场生产周转容易出现问题，如资金、分娩舍、保育栏，由于栏舍不够，可能从一开始就形成恶性循环；二是配种工作比较困难，由于引进的公、母猪的比例已定，同一时间发情母猪太多时配种困难，为了不错过母猪的发情期而频繁配种，从而导致母猪的繁殖性能低；三是对所引进的猪只的习性还没有完全掌握和了解，加上自身技术水平不足，对于生产中出现的问题，容易产生厌烦情绪，从而迁怒于供种猪场，对其种猪进行全盘否定。

二、引进种猪的体重

一般来说，对于初次办猪场的饲养场，引进后备种猪的日龄越大越容易管理，特别是马上就可以配种的后备种猪，可减少许多中间环节。但这样做可能会存在以下的不利因素：在正常的养猪环境条件下（不包括养猪低谷时的情况），大多数种猪的销售体重一般为 50～60 千克/头，如果在 80～90 千克/头时进行挑选，除事先定购或该种猪场专门销售客户买回去后马上可以配种的种猪外，这类型种猪很多都是别人挑剩的猪，质量要差一些。引进体重小（不得低于 50 千克）的猪，虽然成本加大了，但可以将防疫方面的工作掌握好，为以后的生产打下坚实的基础。而体重小于 50 千克的种猪，由于体型还没有定型，生殖器官发育不明显，不容易挑选，最好不要选。当然，挑选体重多大的种猪，还要饲养场（户）根据自身的具体情况而定，不能一概而论。

三、待引种猪的挑选

（一）选择种猪的原则

种猪应符合本品种特征，健康无病，生殖器官发育良好，第二性征明显，具有优秀的生产性能。

（二）选种方法

先查看种猪血缘及个体系谱，要求提供种猪三代系谱，至少能查到父母代和祖代情况；查看疫苗注射记录，是否有注射日及兽医签字，重点关注猪瘟、伪狂犬、口蹄疫、猪丹毒和猪肺疫等疫苗的免疫接种情况，一般应加免猪细小病毒、乙脑、伪狂犬和口蹄疫四苗，要求提供检疫合格证。

1. 种公猪的选择方法

（1）外型选择　要求种公猪的头颈较轻，占身体的比例较小，胸宽深，背宽平或稍弓起，腹部紧凑，不松弛下垂，体躯要长，腹部平直，后躯和臀部发达，肌肉丰满，骨骼粗状，睾丸发育良好，轮廓明显，左右大小一致，包皮不肥大，无明显积尿，乳头 6 对及以上，排列整齐均匀，符合本品种的基本特征。

（2）生产性能　生产性能可参考相关种猪标准（即：外种公猪达 100 千克体重日龄 180 天以下，日增重 600 克以上，饲料利用率达到每增重 1 千克耗料 2.8 千克以下，100 千克体重时背膘厚在 15 毫米以下，性欲旺盛，精液品质优良；地方品种公猪按本品种标准参考选择）。

2. 种母猪的选择方法

（1）外型选择　宜在同窝中选择品种特征明显、个体较大、生长发育良好、体格健状、食欲旺盛、行动敏捷、体形匀称、皮肤紧凑、毛色光亮、背腰平直和腹部不下垂者留种。具体要求如下。

①头颈部：头颈清秀而轻，下颌无过多垂肉，额部稍宽，嘴鼻长短适中。

②前躯：要求肌肉丰满，胸宽而深，前肢站立姿势端正，开张行走有力，肢蹄坚实，无卧系。

③中躯：要求背线平直或微弓，肌肉丰满，腹线平直，腹壁无皱褶，乳头 6 对及以上，排列均匀，无缺陷乳头。

④后躯：臀部丰满，尾根较高，无斜尻，大腿肌肉结实，肢蹄健壮有力。

⑤皮毛：要求皮肤细腻，不显粗糙，皮毛光亮。

⑥生殖器官：要求阴户充盈，发育良好。阴户太小，不易配种，即使能够配种也容易难产，应淘汰；阴户上翘母猪配种困难。

（2）生产性能选择　从仔猪的父母代生产性能好的良种猪的后代中选择，要求该窝仔猪产仔多、初生重大、生长发育良好、全窝仔猪整齐、哺育成活率在 90% 以上；生产性能可参考相关种猪标准（即：外种母猪达 100 千克体重日龄 180 天以下，日增重

600 克以上，饲料利用率达到每增重 1 千克耗料 2.8 千克以下，100 千克体重时背膘厚在 15 毫米以下；地方品种母猪按本品种标准参考选择）。

四、待引种猪健康状况检测

为了保障猪场健康生产，对引进的种猪，均要进行健康检测。最好是在供种场对已经挑选好的种猪进行采样，送到有资格检测的部门进行检测，了解相关的疫病情况、抗体水平等信息，根据结果进行取舍；时间紧急的话，也可以引进后在混群前自行抽血送检，但存在一定风险，若出现不符合自己要求的猪只，处理起来将会比较麻烦。

五、做好运猪前准备工作

车辆和用具彻底消毒 2 次以上，最好隔离空置 1 天后装猪。

带上饲料、工作服、工作鞋和急用药等物品，准备好运输证、年检证和汽车消毒证明等证件。

办好一切必要手续再装车。车辆在出发前和到达装猪地点时都应充分清洗、彻底消毒。消毒可以用 2%～3% 的火碱溶液彻底冲洗，再用清水冲净（否则会烧伤猪只皮肤），拉猪车适当准备一些垫料，如沙土、锯木、干谷草等以防车内太滑。查看检疫证明和消毒证明是否合格。夏季还应准备充足的饮水（尽量不用西瓜、水果和蔬菜等解渴，因为可能会造成猪腹泻以及在饲喂时导致骚乱）。上车前可注射长效广谱抗生素，以提高猪只的抵抗力。对于特别不安的猪可注射镇静剂。

六、装车时注意事项

①车厢应铺稻草、细沙和麻袋等柔软物以免擦伤猪蹄。

②车顶覆盖遮阳挡风帆布，防猪跳出并留有通风口。

③按品种、性别和体重大小归类装猪；两层装猪时公猪在上层、母猪在下层，大猪在下层、小猪在上层。成年种公猪最好用猪笼单个装，避免打架。

④炎热夏天远距离运输时，给猪冲凉要凉透，可在头部喷洒风油精水溶液。

七、运输途中注意要点

①尽量走高速路等快捷路线，避开一天中炎热和寒冷时段，尽可能减少急刹车和不必要停车，减轻运输应激。

②路途遥远时注射抗生素和镇静类药物，减少体能消耗，提高抗应激能力。

③必须停靠时远离其他装载动物车辆和运猪车，避免感染。

④每隔 4～6 小时停车检查猪只是否出现异常、帆布是否松动，使猪感觉舒服。

⑤到场前 2 小时通知场里作好接车和卸猪准备。

第五节　引种后管理要点

一、卸车

到场后对卸猪台、车辆、猪体（不要用消毒水冲猪头眼部）

及周围地面进行消毒。

二、分群饲养

按品种、体重大小和性别进行分群饲养，进入猪栏时要调教猪只定点排泄，受伤猪只单栏饲养并及时治疗。

三、饲料及喂量等饲养方法的逐步过渡

先提供饮水并加入口服补液盐和电解多维，使种猪尽快脱离应激状态，休息 6 小时后可喂少量精料（有条件的可加少量青绿饲料），每日加大喂量，逐步恢复正常。

四、隔离舍饲养期间的观察与检疫

（一）引种后种猪的隔离与适应的目的
①维持原有猪群的健康状态。
②让新引进的种猪适应存在于本场的病原体、生产流程和管理。
③最大限度地减少猪只的死亡风险。
（二）引种后种猪的隔离与适应
①隔离期 30～45 天。
②隔离舍要采取全进全出方式，设施要彻底冲洗和消毒，并保持干燥。
③隔离舍距原有猪群最好 1 000 米以上。距离远可减少经空气传播潜在病原的感染机会。特殊情况下，如果无法完全隔离，应将引进的种猪放在经高压冲洗、消毒、干燥轮空、并尽可能远离原有猪群的猪栏内。
④种猪引进的第 1 周，要给予特殊的管理，饲料和饮水要保

持新鲜，必要时可补充电解质。

⑤隔离 7 天后，可在隔离舍放入本场健康怀孕 70～80 天母猪 1 头，28～60 日龄仔猪 4 头，观察发病情况。

⑥种猪到达 2 周内，应激反应强烈，应给予特别照顾。饲料中可添加预防剂量的抗生素，如金霉素，330 克/吨。

⑦最大限度地避免不同生产区饲养员的接触。种猪引进后的最初 2 周，禁止与其他猪接触。

⑧饲养员进舍前，要更衣换鞋，隔离舍内的器械要专用。

⑨及时填写治疗记录，包括猪号、所用药物和效果等。若治疗效果不佳或无效，请及时与供种场联系。

⑩重点对疑似布氏杆菌病、伪狂犬病、萎缩性鼻炎和喘气病要采血进行血清学检验。具体方法为：对布氏杆菌病采用试管凝集试验，对伪狂犬病采用 ELASA 法，对萎缩性鼻炎采用鼻拭子检测和血清学检验方法，对喘气病采用间接红细胞凝集试验方法。阳性猪的处理：对检测出的非免疫阳性猪，应果断淘汰，以消除疫源。对有种用价值，确实无法淘汰的伪狂犬病、喘气病血清学检测阳性猪，进行相应的药物治疗和处理以及免疫接种后方可使用。布氏杆菌病血清学检测阳性猪必须坚决淘汰。

⑪对猪瘟和口蹄疫进行抗体监测。

第六节　适　应

一、适应的概念

适应就是让新引进的种猪在一控制的环境中，与已存在的病原接触，使猪只对这些病原产生免疫力，而又不表现明显的临床症状。

二、适应地点

理想的适应地点应在隔离舍。如果把高度健康的后备母猪和公猪（如无喘气病、放线杆菌胸膜肺炎、蓝耳病、伪狂犬和萎缩性鼻炎）直接饲养在一个有病原存在、而且病原活跃的猪群中，就会出现严重问题。如果引进的种猪发病，母猪会不发情或不怀孕，公猪则表现为缺乏性欲、精子活力差，也许因此而造成永久性的繁殖障碍。

三、适应时间

适应时间至少需 4～6 周。

四、适应方式

（一）药物

①引进的种猪入场后，可注射长效和广谱抗生素，如长效青霉素、长效土霉素等。

②在适应期的最初几周，饲料中添加 1/2～3/4 治疗剂量的抗生素（如 330 毫克/千克的金霉素）。药物添加的具体方法应征求兽医的意见。

③左旋咪唑注射每千克体重 6 毫克或口服每千克体重 10 毫克。

（二）接触病原

1. 粪便

在隔离期，可用生长猪、成年公猪和母猪的粪便与引进的种猪接触。如果原有猪群有猪痢疾、球虫、C 型魏氏梭菌感染或猪丹毒，不能进行病原接触，但可与木乃伊、胎盘和死胎接触来达到此目的。

2. 与猪只接触

与淘汰的种猪或育成猪接触。第一次接触在隔离适应期的第 4 周，采取鼻对鼻的方式。可把原场猪（30～50 千克体重）与引进种猪按照 1：10 或 1：5 的比例放在同一猪舍内。

3. 人工接种

在引种后的第 4 周，每天可将原场的断奶仔猪的粪便和产房中的木乃伊、胎盘或死胎放入引进种猪的猪栏内。

五、注意事项

①如果原有猪群有猪痢疾、球虫、C 型魏氏梭菌和猪丹毒，不能用粪便进行人工接种，但可用木乃伊、胎盘或死胎达到此目的。

②后备种猪接触原场仔猪的粪便，3 次/周或将粪便、木乃伊、胎盘、死胎粉碎拌进饲料 1：50～1：20 的比例混合饲喂或饮水。

③如果直接将高度健康的后备母猪和公猪（如猪群无喘气病、放线杆菌胸膜肺炎、蓝耳病、伪狂犬和萎缩性鼻炎等）放在一个病原活跃的猪群中，就会发生严重的疾病问题，后备母猪就会不发情或不受孕，公猪无性欲或不能产生有活力的精子，从而造成永久性的繁殖障碍。

④尽管机体对某些病原产生主动免疫的时间不同，但适应期至少要 4 周。

⑤影响机体免疫的因素很多，包括：以前接触病原的强度

（免疫或感染）、引进的种猪是否对原有病原产生耐受、传染病的特性（病原毒力强弱）、接触病原前，环境的应激程度和种猪体质。

第七节　种猪引进误区

一、不了解健康状况

这个问题是在引种时首先考虑的重要问题。有些养猪户在引种时只考虑价格和体形，而忽略了健康这个关键要素，引进种猪时同时把疾病引了回来。在引种时应首先注意猪场的防疫制度是否完善，执行是否严格，所在地区是否为无疫区，所处的环境位置是否有利于防疫。有条件的可以进行抽样检测。

二、过分注意体形

广大养殖户在引种时过分强调种猪的体形，只要是臀部大的猪，不论它的生产性能、产仔数、料肉比和瘦肉率等各种指标如何就盲目引进。国内所称的双肌臀猪只是猪的一种体形特征，皮特兰、杜洛克、大约克和长白均有双肌现象。而经国内外专家研究表明，双肌臀猪的泌乳能力要比单肌臀猪的泌乳能力差5%～10%，直接影响仔猪的断奶窝重。另外，臀部大的猪容易发生难产，造成经济损失。所以在引进种猪时，公猪要侧重瘦肉率、胴体品质、肢蹄健壮度、生长速度和饲料报酬等性状。在选择后备母猪时则应侧重于相关于母性的特征，例如产仔猪、泌乳力、生活力及母性品质等方面的问题。

三、体重越大越好

在引进种猪时，多数养殖户都喜欢体重大的猪，殊不知这样已经为今后埋下了许多隐患。引进体重大的猪有以下几个缺点。

①体重大的猪多数为选择剩下的猪，挑选余地比较小，可能有某方面的问题或者生长性能不理想。

②达到 60 千克以上的后备母猪应该更换后备母猪料，（如没有后备母猪料可以用 1/2 怀孕前期料＋1/2 哺乳母猪料），因为此时的母猪需要大量的营养元素来促进生殖器官的发育，而育肥料中存在许多的促生长剂，会损害生殖系统的发育，降低了后备母猪的发情率以及配种受胎率，造成很大的损失。而种猪场一般不会更换饲料，因为这样做会影响猪的生长速度、体形以及毛色等。

③后备猪达 60 千克以上后应当限量饲喂以避免过肥，但种猪场同样不会这样做。所以，在引进体重偏大的猪时都有些过肥，如果体状正常时，恐怕是生长速度不佳。

④引进的种猪在配种前，还要有充分的时间进行免疫注射和驱虫。

四、从多家种猪场引种

认为种源多、血缘多有利于本场猪群生产性能的改善，殊不知这样做引进疾病的风险也越大。因为各个种猪场的病原微生物差异很大，而且现在疾病多数都呈隐性感染，不同的猪场的猪混群后暴发疾病的可能性很大。所以我们在引种时尽量从一家种猪场引进。

第三章

饲料营养

　　猪的不同生理阶段，营养需求是不同的。根据猪的各生理阶段营养需求特点，正确配制日粮或选购饲料，合理饲养，方能最有效地发挥猪的生产潜能，并可使猪场获得最大的经济效益。

第一节　饲料生产供应

　　饲料的计划生产和供应，是保证养猪业稳定发展的物质基础。如果生产供应不按合理计划安排，必然导致饲料的失调和不均衡，养猪生产处于被动局面，势必影响生产效率和生产成本。因此要在上年末做出次年的生产供应计划。

一、饲料需求计划

饲料需求计划要根据生产计划来确定。

（一）确定猪场每月和全年计划数量

　　根据年度生猪生产计划，预算全年各月猪群存栏数或按照猪群周转计划详细计算出每月及全年猪群数量。

（二）确定猪群的饲料定额

分别按公猪、空怀母猪、妊娠母猪、哺乳母猪、哺乳仔猪、保育仔猪、后备猪、育成猪和育肥猪等订出饲料定额，按每头每日的需要量来计算。

（三）计算饲料需要量

根据猪群头数和饲料定额计算出各月及全年各种饲料的需要量。各月份的饲料供应量，应与同期猪群饲料需要量保持基本一致，并适当留有余地，增加10%～15%的备用量。

二、饲料原料的质量控制

原料是饲料生产的基础。原料品质的优劣与稳定直接影响到饲料产品的质量，加强原料的质量控制，防止原料质量霉变、污染等不合格品出现，是保证高质量饲料产品的前提。

（一）原料的基本要求

1. 包装、标识要求

所有原料包装外表清洁、标识清楚、缝线完好。籽实原料、粮油副产品原料和动物蛋白质原料等固体类原料破包率低于2%；油脂等液体类原料包装无破损；添加剂原料包装、铅封和标识等完好。

2. 卫生、安全要求

符合国家卫生标准，所有动物蛋白质原料不得检出沙门氏菌；所有原料不得有虫源、发酵或霉变性结块；添加剂原料不带有异常颗粒；所有原料不得有异味和掺假；所有原料料温与室温相同。

（二）其他特性要求

籽实类原料颗粒饱满、整齐，色泽新鲜；粮油副产品原料细碎或片状，固有正常气味，色泽新鲜一致，无掺假掺杂；植物动物蛋白质原料具有正常气味，取样滴加氢氧化钠液无氨味；油脂类原料保持正常形态、颜色和气味；添加剂原料具有正常颜色、气味和形态，色泽均匀一致，粒度均匀一致。

（三）质量验收标准

1. 感官检验

感官检查水分、颜色、气味、杂质、霉变、虫害、结块和异味等。检查与以前同种原料的一致性，与本品种特定的标准描述外观是否相符；有无污染；有无杀虫剂处理痕迹；有无异常气味及虫害。袋装原料应标有名称、规格、出厂日期、地点及厂名等。感官判定合格方可进行下一步验收。

2. 实验室检验

检验指标：水分、霉菌毒素、粗蛋白质，灰分、脂肪、纤维、钙、磷、盐、氟含量、尿素酶活性和容重等。达到相应的原料检验标准的，才合格入库，否则退货处理。

3. 大宗原料重点验收标准控制

玉米重点控制水分、霉变、容重和杂质；糠麸重点控制新鲜度和蛋白质含量；豆粕重点控制粗蛋白质、掺假、蛋白质溶解度和尿酶活性；棉、菜粕重点控制粗蛋白质和掺假；鱼粉重点是感观、粗蛋白质、真蛋白质、掺杂和盐分；其他动物性饲料重点是感观、粗蛋白质和微生物。

（四）原料贮存质量控制

1. 贮存场所的环境要求

仓库要求能防水防潮，基础修建时地面做好防水防潮处理层，防漏雨、雨水倒灌、地下排水管外溢等。存放饲料前安放垫板，安装好通风设施，远离火源且配备必要的消防设施，在通风口等开放地方安装钢编网等防鼠设施，同时防范外来污染和交叉污染。

（1）大宗原料及成品库

存放玉米、豆粕、鱼粉、菜粕、麦麸等大宗原料的场所，要求能通风、防雨、防潮、防虫、防鼠及防腐。

（2）微量元素添加剂等小料库

存放微量元素添加剂、维生素等小料库的场所，除能通风、防雨、防虫、防鼠及防腐外，还要求防高温和避光。

2. 原料堆放要求

原料入库要分区、分类垛放，下有垫板，垛位与垛位、垛位与墙壁之间应留有间隙，袋装原料垛码离墙80厘米，散装原料离房顶最少2米。做好原料垛位卡，标明品名、时间、进货数量和来源，并按顺序和规范垛放。随时保持料垛四周及表面干净整洁。

3. 原料出入库管理

对入库原料建立完整的账、卡和物管理制度，原料保管对所有的出入库原料按照规定手续进行登记、清点和变更，每月盘点一次，做到账物相符。严格执行"先进先出"的原则。生产领料时，要对领料凭证进行确认无误后方可发放，做到所发放的原料质量合格、数量准确，领发人员双方签字认可。

4. 库存原料、成品的保管和检查

库管每周检查一次库房，检查时做好各项记录，内容包括：料垛卫生、仓库及墙壁、屋顶、各角落卫生、垛位卡完整性。若发现原料受潮、发霉或被虫、鼠损坏等而影响原料品质时，要立即采取有效措施，不能处理的及时上报技术主管。库管在定期检查过程中发现原料有过期或其他情况时，要及时填写《过期原料检查记录》，并及时上报，化验，经批准后实施处置方案。

第二节　猪的营养需要及饲养标准

一、种公猪

种公猪的营养需要根据其年龄、体况和利用强度决定。

外种公猪的营养标准为：每千克配合饲料含可消化能 12.95 兆焦，粗蛋白质 17%，粗纤维低于 6%，粗灰分低于 8%，钙 0.6%，总磷 0.45%，食盐 0.5%，赖氨酸 0.8%，日喂量 2.5 ~ 3.0 千克。

地方品种公猪非配种期的营养标准为：每千克配合饲料含可消化能 12.55 兆焦，粗蛋白质 14%，日喂量 2.0 千克左右；配种期的营养标准为：每千克配合饲料含可消化能 12.97 兆焦，粗蛋白质 15%，日喂量 2.5 千克左右。

二、空怀母猪

为防止空怀母猪过肥，日粮中的能量水平不宜太高。配合饲料含 11.72 兆焦/千克消化能即可，粗蛋白质水平为 12% ~ 13%，如果饲料中含能量偏高，则应加入适量的干草粉或青饲料，来降低饲料中的能量浓度。对于较瘦的经产母猪可在配种前 10 ~ 14 天开始优饲，后备母猪则可在配种前 15 天开始，加料时间一般为 2 周左右。在优饲期间，每头母猪每天增加喂料量 1.5 千克左右，例如平时喂 1.4 ~ 1.8 千克/天，在此期间可加喂到 2.9 ~ 3.3 千克/天。增加喂料量对刺激内分泌和提高繁殖机能有明显效果。90 ~ 120 千克体重的母猪每天喂 1.5 ~ 1.7 千克，120 ~ 150 千克体重的母猪每天喂 1.7 ～ 1.9 千克，150 千克以上的母猪每天喂 2.0 ～ 2.2 千克，中等膘情以上者每天母猪饲喂 2.5 千克，中等膘情以下者自由采食。对那些在仔猪断奶后极度消瘦而不发情的母猪，应增加饲料定量，让它较快地恢复膘情，并能较早地发情和接受交配。

三、妊娠母猪

从配种开始至分娩结束。妊娠母猪饲养管理的目标就是要保证胎儿在母体内正常发育，防止流产和死胎，产出健壮、生活力强、初生体重大的仔猪，同时还要使母猪保持中上等的体况。妊娠母猪控制适宜的营养水平。我国饲养标准规定，妊娠前期（怀孕后前 80 天）的母猪体重为 90 ～ 120 千克时，日采食配合饲料量为 1.7 千克，体重 120 ～ 150 千克，日采食为 1.9 千克，150 千克体重以上为 2 千克，饲粮营养水平为：消化能 12.33 ～ 12.54 兆焦/千克，粗蛋白质 13.5%，赖氨酸大于 0.7%，粗纤维小于 6%，粗灰分小于 7.5%，钙 0.65%，总磷 0.5%，食盐 0.5%。妊娠后期（产前一个月）体重在 90 ～ 120 千克、120 ～ 150 千克、150 千克以上，日采食量分别为 2.2 千克、2.4 千克、2.5 千克配合饲料。日粮营养水平为消化能 12.75 ～ 13.17 兆焦/千克，粗蛋白质 17%，赖氨酸为 1.0%，钙为 0.6%，磷为 0.5%。另外，除了喂配合饲料外，为使母猪有饱感和补充维生素，最好搭配品种优良的青绿饲料或粗饲料。

四、哺乳母猪

（一）能量需要

哺乳母猪日粮需求消化能在 14 兆焦/千克以上。选择水分在

14%以下的优质玉米及粗纤维含量降低的原料，添加3%~5%的脂肪或者4%~6%的优质大豆磷脂，以提高能量水平。

（二）蛋白质需要

增加饲料蛋白质含量，夏季哺乳母猪日粮的粗蛋白质含量可以配到18%，并且必须选择优质蛋白质原料。建议不使用杂粕，选用优质豆粕（粗蛋白质含量44%）、膨化大豆、进口鱼粉等蛋白质原料。

（三）氨基酸需要

赖氨酸是限制哺乳母猪泌乳的第一限制性氨基酸。现代高产母猪为了保证窝仔猪生长速度达2.5千克/天，赖氨酸需要量为50~55克/天。对于高产母猪，随着赖氨酸摄入量的增加，母猪的产奶量增加，仔猪增重提高，而母猪自身体重损失减少。

我国瘦肉型母猪推荐饲粮赖氨酸的水平为0.88%~0.94%，基本满足了每天50克左右的赖氨酸需要量。缬氨酸是近些年来受到重视的一个重要氨基酸，缬氨酸与赖氨酸的比值达115%~120%，而另一种支链氨基酸——异亮氨酸与赖氨酸的最佳比值则为94%，当日粮中缬氨酸与赖氨酸的比值达1.2：1时，乳汁分泌量显著增加。

（四）钙、磷需要

钙的含量应该在0.8%~1%，磷为0.7%~0.8%，有效磷0.45%，为提高植酸磷的吸收利用率，可以在日粮中添加植酸酶。钙、磷含量过低或比例失调可以造成哺乳母猪后肢瘫痪。因此在原料选择上应该注意选择优质合理的钙、磷添加剂。

（五）维生素需要

夏季母猪日粮中添加一定量的维生素C（150~200毫克/千克）可以减缓高热应激症；β-胡萝卜素可以提高泌乳力和缩短离

乳至首次发情间距；维生素 E 可以增强机体免疫力和抗氧化功能，减少母猪乳房炎、子宫炎的发生，缺乏时可以使仔猪断奶数减少和仔猪下痢；生物素广泛参与碳水化合物、脂肪和蛋白质的代谢，生物素缺乏可以导致动物皮炎或蹄裂。高温环境可以使动物肠道细菌合成生物素减少，因此在饲料中应该补充较多的生物素；维生素 D 可以调节体内钙、磷的代谢。其他一些必需维生素如 B 族、叶酸、泛酸、胆碱等也应该适量添加不可以忽视。

（六）粗纤维需要

哺乳期间应该对母猪饲粮中粗纤维含量加以适当限制。因为高含量粗纤维会稀释饲粮中的能量浓度，会加剧母猪能量摄入量的不足。此外，粗纤维过高，会增加体增热的产生，能量损失增加。

（七）微量元素需要

母猪日粮中对锌的需要量为 20 毫克/千克；母猪长期饲喂低锰日粮将导致发情周期异常和消失、胎儿重吸收、初生仔猪弱小和产奶量下降，推荐母猪日粮锰的需要量为 8 毫克/千克。近年来的研究表明，有机形式的铁，可以提高母猪的繁殖性能，并能提高母乳中铁元素的水平，满足仔猪对铁的高需要量，推荐用量为 70 毫克/千克；母猪的硒需要量为 0.15 毫克/千克；严重缺碘的母猪甲状腺肿大，产无毛弱仔或死胎，表现黏液性水肿、甲状腺肿大和出血症状，母猪碘的需要量为 0.14 毫克/千克，铬近年来愈加受到重视，推荐日粮含铬 200 克/千克（甲基吡啶铬）。

五、哺乳仔猪

哺乳仔猪料的消化能 13.86 兆焦/千克；粗蛋白质水平 19%～20% 为宜，赖氨酸在 1.30% 以上；钙含量在 0.78%～1.5%，总磷0.55%，选用优质玉米、豆粕、乳清粉等原料配制，也可以直接采购规模饲料厂全价膨化颗粒料或粉料。

六、保育猪

分成三阶段。第一阶段：断奶到8~9千克；第二阶段：8~9千克到15~16千克；第三阶段：15~16千克到25~26千克。第一阶段采用哺乳仔猪教槽料，选用饲料公司专门生产的膨化颗粒全价料。第二阶段采用仔猪料，日粮仍需高营养浓度、高适口性、高消化率，消化能13.79~14.21兆焦/千克，粗蛋白质18%~19%，赖氨酸1.20%以上；在原料选用上，可降低乳制品含量，适当增加豆粕等常规原料的用量，但仍要限制常规豆粕的大量使用，可以用去皮豆粕、膨化大豆等替代。第三阶段，此时仔猪消化系统已日趋完备，消化能力较强，消化能13.38~13.79兆焦/千克，粗蛋白质17%~18%，赖氨酸1.05%以上；原料选用上完全可以不用乳制品及动物蛋白（鱼粉等），而用去皮豆粕、膨化大豆等来代替。

七、后备公猪

后备公猪培育目标是使其体格和肢蹄强健，体况不肥不瘦。前期（50千克以下）自由采食，后期适当控制，防止过肥，导致性欲和性功能下降。良种猪每日采食2.5千克（地方猪1.6千克），良种后备公猪营养标准消化能13.39兆焦/千克，粗蛋白质16%，钙0.62%，总磷0.53%，赖氨酸0.9%；地方品种公猪营养标准消化能12.84兆焦/千克，粗蛋白质14%，钙0.6%，总磷0.38%，赖氨酸0.84%。

八、后备母猪

(一) 20~50 千克的后备母猪

在后备母猪体重达到 50 千克之前，其饲喂方式和商品肉猪一样，均为自由采食。饲料营养水平，消化能 13.39 兆焦/千克，粗蛋白质 16.5%，钙 0.62%，总磷 0.53%，赖氨酸 0.82%。

(二) 50~80 千克的后备母猪

50~80 千克的后备母猪，基本饲养目标是使瘦肉组织的生长速度达到最佳。按这种方式饲养，母猪生长速度快，便于鉴定和挑选留作种用，确保母猪没有不良体况出现，使母猪在接近体成熟时达到体况要求。饲料营养水平，消化能 13.39 兆焦/千克，粗蛋白 15%，赖氨酸 0.71%，粗纤维低于 6%，粗灰分低于 7.5%，钙 0.6%，总磷 0.45%，食盐 0.5%。此阶段适当控制采食，促使体成熟和性成熟均达到要求。

九、育肥猪

根据育肥猪的生理特点和发育规律，按猪的体重将其划分为二个阶段即生长期和育肥期，体重 20~60 千克为生长期；体重 60 千克以后至出栏为肥育期。生长期饲粮含消化能 12.97~13.97 兆焦/千克，粗蛋白质水平为 16%~18%，钙 0.50%~0.55%，磷 0.41~0.46%，赖氨酸 0.56%~0.64%，蛋氨酸＋胱氨酸 0.37%~0.42%。肥育期要控制能量，减少脂肪沉积，饲粮中消化能 12.30~12.97 兆焦/千克，粗蛋白质水平为 13%~15%，钙 0.46%，磷 0.37%，赖氨酸 0.52%，蛋氨酸＋胱氨酸 0.28%。育肥猪饲养采用自由采食。

第三节　饲料配方

一、饲料原料分类

（一）能量饲料

1. 概念

能量饲料指干物质中粗纤维含量低于 18%，同时粗蛋白质含量低于 20% 的谷实类、糠麸类、草籽树实类、淀粉质的块根、块茎和瓜菜类等饲料。

2. 常用能量饲料的选择

（1）玉米　粗蛋白质含量 8% ~ 9%，消化能 14.27 兆焦/千克，籽粒中所含淀粉则甚丰富，粗脂肪含量亦较高，是最重要的高能量精料。但缺乏赖氨酸、蛋氨酸与色氨酸 3 种必须氨基酸。在世界饲用谷物（玉米、大麦、燕麦、高粱、稻谷）中占饲用谷物总量的 50% 左右。

（2）小麦　蛋白含量和品质都较玉米高，能量与玉米接近，适口性较玉米好，生长育肥猪使用，可减少黄脂肪，提高猪肉品质。一般粗蛋白质 13.9%，消化能 14.18 兆焦/千克。与玉米比较，小麦蛋白质及维生素含量较高，但是，生物素的含量较低及利用率较低，作为主要原料代替玉米时应注意补充生物素，小麦也缺乏赖氨酸，应适当补充。小麦含有抗营养因子戊聚糖、植酸磷等，猪不能消化吸收，经粪便排出体外，污染环境。此外，小麦易感染赤霉菌，可引起猪急性呕吐，用于乳猪一般以粉状较好，用于中大猪一般以破碎较好，否则适口性较差。

（3）米糠 糙米加工成白米时分离出的种皮、糊粉层与胚3种物质混合物，其营养价值视白米加工程度不同而异。其干物质含粗灰分11.9%、粗纤维13.7%，这是不利方面。但含粗蛋白质13.8%、粗脂肪14.4%则是其优点，但这些粗脂肪不饱和脂肪酸高，所以不易贮藏，容易因氧化而酸败。同时其钙磷比例不合适，为1∶22；由于含油脂较多，给动物饲喂过多，易致下泻。一般控制在15%以下，可选用经过处理的脱脂米糠或使用新鲜米糠较为安全。

（4）麦麸 是小麦加工成面粉的副产物，由小麦种皮、糊粉层、少量胚芽和胚乳组成，出麸质量和数量随加工过程而定，其粗纤维高达8.5%～12.0%。蛋白质含量高达12.5%～17.0%，质量也高于小麦，含有赖氨酸0.67%，但含蛋氨酸很低，只有0.11%，最大缺点钙磷不平衡为1∶8，配合日粮时特别注意钙的补充。麦麸的优点在于轻松性，可调节饲料的容重；轻泻性可以调节消化道的机能；但要注意麦麸吸水性强易造成便秘。

水分不超过13%，用量为饲料总量的10%～15%，最多不超过20%。

（二）蛋白质饲料

1. 概念

蛋白质饲料指干物质中粗纤维含量低于18%，同时粗蛋白质含量为20%或20%以上的豆类、饼粕类和动物性饲料。

2. 常用蛋白质饲料的选择

（1）豆粕 最常用的蛋白质饲料，由于用量较大，其质量的轻微变异都可能导致严重的后果。大豆粕是大豆籽粒经压榨或溶剂浸提油脂后，再经适当热处理与干燥后的产品，粗蛋白质含量44%，大豆粕呈片状或粉状，有豆香味，不应有腐败、霉坏或焦化等味道，也不应该有生豆腥味。豆粕由外观颜色及壳粉比例，可概略判断其品质。若壳太多，则品质差，颜色浅黄表示加热不足，暗褐色表示热处理过度，品质较差。

配合饲料一般占饲料总量的 10%～25%。

（2）菜籽饼（粕）　是菜籽提取大部分油后的残留部分，蛋白质的含量相对高，36% 左右。加工工艺有溶剂浸提法与压榨法，一般溶剂浸提法中没有高温高压，饼粕中除油脂被提走大部分外，其他物质的性质与原料相比，差异不显著。而压榨法中，由于高温高压过程常常导致蛋白质变性，特别是对于植物蛋白质中最缺乏的赖氨酸、精氨酸之类的碱性氨基酸损害最甚，从而使消化率与生物学价值降低；但另一方面，高温高压有使饼（粕）中有毒物质－芥子甙（芥子甙在芥子酶作用下可生成硫氰酸盐、异硫氰酸盐、恶唑烷硫酮等促甲状腺肿毒素），部分变成无毒。

菜籽饼（粕）水分含量不应超过 10%。由于价格较低，一般掺假较少，但需要注意的是自身质量和毒性。因此，菜籽饼作饲料要先脱毒，配和饲料中菜籽饼添加量要低于 10%。一般3%～5%。

（3）鱼粉　是优质的动物性蛋白质饲料，它是各种鱼体的整个或部分经加工、干燥和粉碎制成的产品，含脂肪越少，质量越好。含水量约 10%，蛋白质 40%～70% 不等，进口鱼粉的蛋白质含量一般在 60% 以上，国产鱼粉约 50%，鱼粉粗灰分含量高。鱼粉也是掺假最多的一种原料。常见的掺假方式主要有：以增加鱼粉重量为目的而掺入豆粕、菜籽粕、棉粕、花生粕等；以增加总氮为目的掺入非蛋白蛋如尿素、氯化铵、二缩脲和磷酸脲等；以低质动物蛋白质掺入鱼粉中，如掺入羽毛粉、毛发粉、血粉、皮革粉和肉粉等；以低质或变质鱼粉掺入好的鱼粉，特别是进口鱼粉中，这种现象较严重。

鱼粉用量占猪配合饲料总量的 4%~8%，注意钙、磷比例。

（4）蚕蛹　蛋白质含量高，约 56%，含赖氨酸约 3%，蛋氨酸约 1.5%，色氨酸高达 1.2%，比进口鱼粉高出 1 倍，含水量低于 10%，含丰富的磷，含磷量为钙的 3.5 倍，B 族维生素也较丰富。因此，蚕蛹是优质蛋白质、氨基酸来源，因其脂肪含量高，脂肪中不饱和脂肪酸高，易变质、氧化、发霉和恶臭。用量一般为 3%~5%。

（三）矿物质饲料

1. 概念

矿物质饲料包括工业合成的、天然的单一的矿物质、多种混合的矿物质以及配有载体或赋形剂的痕量、微量、常量元素的饲料，其中需要量最多的是氯、钠、钙和磷 4 种。

2. 常用矿物质饲料的选择

（1）磷酸氢钙　白色粉末状，流动性好，无结块，磷含量≥17%，钙：21%~23%，氟≤0.18%，水分≤3%，如果检测水分 >3%、磷含量 <16%，钙 <20%，氟 >0.18%，都是不合格产品，不能采购。

（2）钙粉　因为来源容易，很少掺假，注意杂质的控制。

（3）食盐　主要成分是 NaCl。一般食盐中 NaCl 含量应在 99% 以上，若属精制食盐应在 99.5% 以上。有粉状，也有块状。此二元素在体内主要与离子平衡，维持渗透压有关。NaCl 可使体液保持中性，也有促进食欲，参与胃酸形成的作用。食盐采购必须到当地盐业公司办理购盐证，根据需要采购。

（四）添加剂

1. 概念

饲料添加剂是指在饲料生产加工和使用过程中添加的少量或微量物质。

2. 选用建议

因这类饲料要求加工的质量高，一般设备达不到工艺要求，质量不易控制，建议使用正规上规模、上档次的厂家，选用质量合格的成品。同时注意产品符合《饲料和饲料添加剂管理条例》各项要求。

二、饲料配方设计

（一）饲料配方设计原则

①必须参考猪的营养需要量或饲养标准表。在这个基础上，再根据饲养实践中猪的生长与生产性能的反映情况而给予灵活应用，如发现日粮的营养水平偏高，可酌量降低；反之，则可适当提高。

②须注意日粮的适口性，应尽可能配合一个适口性好的日粮。

③应考虑经济的原则，所选择的饲料，尽量选用营养丰富而价格低廉的饲料进行配合。以降低饲料费用，提高生产效率。因此，须因地制宜、因时制宜地选择饲料。

（二）饲料配方的计算方法

配制的日粮必须提供足够的能量、蛋白质、矿物质、维生素以及满足各个阶段的每日需要量。

1. 日粮配制的步骤

（1）饲养阶段的划分　一般将猪的生长按以下阶段划分：哺乳仔猪、断奶仔猪、生长猪、肥育猪和种猪（后备母猪、妊娠母猪、哺育母猪、公猪)。

(2)营养需要的确定 根据不同品种、不同阶段饲养标准，综合考虑饲养环境、饲养方式确定营养需求，通常在计算营养需求量时必须加上一定的安全系数。

(3)原料选择和需要 原料的选择是生产优质配合饲料的前提，选择原料应注意以下事项：第一便于采购，第二原料价格合理，第三原料价值、质量保障，第四适口性好，第五根据日粮中的使用量确定采购量。

(4)原料成本确定 在为猪饲料选择原料时，最重要的因素是原料成本，几种原料可以提供所需的营养需要，但价格有差异。而这种价格每天、每月、每季度都在变动，所以必须清楚地知道价格变化，才能制定最经济的饲料配方。

(5)日粮配制 配制日粮的主要目的是按一定的比例把饲料原料制成混合料。日粮配制通常有以下几种方法：视差法、交叉法、皮尔逊正方法、代数方程法和计算机配制法。

2. 视差法饲料配方设计

先拟定配方→计算养分含量→反复调整→满足要求，计算结果可高出饲养标准2%。

例：用玉米、糙米、麸皮、鱼粉、豆粕、棉籽粕、菜籽粕、石粉、磷酸氢钙、食盐、1%的复合预混料，为体重20～50千克的猪设计配合饲料。

① 查饲养标准，确定20～50千克体重阶段猪的营养需要量

项目	消化能 （兆焦/千克）	粗蛋白质 （%）	钙 （%）	有效磷 （%）	赖氨酸 （%）	蛋＋胱氨酸 （%）
指标	12.97	16.0	0.6	0.23	0.95	0.54

② 查询饲料原料营养成分表

指标	玉米	糙米	麸皮	鱼粉	豆粕	棉籽饼	菜籽饼
粗蛋白质（%）	8.7	8.8	16.6	55.6	45.6	32.3	38.6
消化能（兆焦/千克）	14.34	14.67	12.37	11.41	13.08	11.54	11.58
钙（%）	0.02	0.10	0.33	3.10	0.26	0.36	0.65
有效磷（%）	0.10	0.19	0.02	2.51	0.22	0.18	0.38

③ 20～50 千克猪日粮中各种饲料比例：能量饲料 65%～75%，蛋白质饲料 15%～25%，矿物质、复合预混料 1%～4%。

初拟配方：玉米 53%，糙米 20%，麸皮 5%，鱼粉 1%，豆粕 12%，棉籽饼 3%，菜籽饼 3%。其主要营养成分含量计算如下：

消化能 $= 0.53 \times 14.34 + 0.20 \times 14.67 + 0.05 \times 12.37 + 0.01 \times 11.41 + 0.12 \times 13.08 + 0.03 \times 11.54 + 0.03 \times 11.58 = 13.53$（+0.56）

粗蛋白质 $= 53 \times 8.7 + 20 \times 8.8 + 5 \times 16.6 + 1 \times 55.6 + 12 \times 45.6 + 3 \times 32.3 + 3 \times 38.6 = 15.36$（−0.64）

钙 $= 53 \times 0.02 + 20 \times 0.14 + 5 \times 0.18 + 1 \times 3.78 + 12 \times 0.26 + 3 \times 0.36 + 3 \times 0.65 = 0.14$（−0.46）

有效磷 $= 53 \times 0.10 + 20 \times 0.21 + 5 \times 0.24 + 1 \times 2.52 + 12 \times 0.23 + 3 \times 0.22 + 3 \times 0.33 = 0.16$（−0.07）

④ 对照饲养标准后调整配方

粗蛋白质少 0.64%，消化能高 0.56 兆焦，故用豆粕替代玉米。

1% 豆粕替代 1% 的玉米后消化能降低 1.26 兆焦/千克，粗蛋白质提高 0.369%，要粗蛋白质达标，则需用 1.73% 豆粕替换玉米（0.64/36.9%），调整后配方如下。

玉米 51.27%，糙米 20%，麸皮 5%，鱼粉 1%，豆粕 13.73%，棉籽饼 3%，菜籽饼 3%，磷酸氢钙 0.43%，石粉 1.05%，赖氨酸 0.34%，食盐 0.3%，预混料 1%，合计 100.12%。该配方营养成分为消化能 13.51 兆焦，粗蛋白质 16%，钙 0.611%，有效磷 0.242%，赖氨酸 1.05%，蛋氨酸+胱氨酸 0.61%。

⑤ 对照饲养标准，达到要求，但百分比超过 100%，则要减少玉米的比例为 51.15%。最后配方是：玉米 51.15%，糙米 20%，麸皮 5%，鱼粉 1%，豆粕 13.73%，棉籽饼 3%，菜籽饼 3%，磷酸氢钙 0.43%，石粉 1.05%，赖氨酸 0.34%，食盐 0.3%，预混料 1%，合计 100%。

3. 计算机配方设计方法

计算机在饲料工业的应用越来越普及，前几种方法已经很少使用。借助于计算机，营养学家能够考虑使用更多的营养参数，例如氨基酸、矿物质、维生素等，同时要考虑各种营养的比例（如氨基酸与能量）。计算机配方日粮又称为低成本日粮，因为它选择能用的饲料，采用最低的成本。国内目前有许多饲料配方软件系统，如 Brill 饲料配方系统、Format 饲料配方系统、资源饲料配方系统等，有的价位很高，有的价位很合理，有的符合我国的饲料行业特点，有的在目前不一定合适，或有的适用于专门化的饲料生产企业；有的则适用于饲料生产与养猪生产相结合的企业。应根据自己的需求选择经济适用的配方软件。此外，一些办公软件如 Excel 也可以做非常好的饲料配方系统。

(三)常见饲料配方示例

仔猪：玉米42%，豌豆8%，胡豆10%，花生饼27%，麦麸10%，磷酸氢钙1.5%，碳酸钙1.0%，食盐0.5%。

育肥猪前期(35~70千克)：玉米39.0%，麦麸15.0%，统糠13.27%，小麦9.0%，豌豆1.0%，胡豆1.0%，菜籽饼13.0%，蚕蛹7.0%，磷酸氢钙0.85%，碳酸钙0.48%，食盐0.4%。

育肥猪后期(70~100千克)：玉米27.0%，麦麸28.0%，小麦7.0%，啐米5.0%，菜籽饼10.0%，统糠5.0%，红茗藤糠16.0%，磷酸氢钙1.5%，食盐0.5%。

妊娠母猪：玉米54.7%，麦麸24.0%，大豆8.0%，胡豆9.0%，预混料4.0%，食盐0.3%。

泌乳母猪：玉米50.0%，麦麸16.7%，大豆19.0%，胡豆10.0%，预混料4.0%，食盐0.3%。

种公猪：玉米60.7%，麦麸12.0%，大豆13.0%，胡豆10.0%，预混料4.0%，食盐0.3%。

第四节 饲料配制

一、饲料的加工及调制

(一)粉碎

这是最简单、最常用的一种加工方法。经粉碎后的籽实其表面积增大而增加了饲料与消化液的接触面积，使消化作用进行得比较完全，从而提高了饲料的消化率和利用率。粉碎过程主要控制粉碎粒度及其均匀性。在饲料的生产中，过大和过小颗粒都会导致离析现象的发生，从而破坏产品的均匀性，甚至造成猪只中毒死亡。

粉碎的关键是将各种饲料原料粉碎至最适合动物利用的粒度，使配合饲料产品能获得最大饲料饲养效率和效益。要达到此目的，必须掌握不同阶段猪对不同饲料原料的最佳利用粒度。据报道，断奶仔猪饲粮粒度由0.9毫米减至0.5毫米时，饲粮加工成本的增加，小于饲料转化率提高所产生的补偿。生长猪饲粮中玉米粉碎粒度在0.509～1.026毫米变化时，对猪的日增重无显著影响；但随粒径的减小，饲料转化率提高，使生产性能达最佳的粒径范围为0.509～0.645毫米。肥育猪饲粮中玉米粉碎粒度在0.400～1.200毫米时，粒度每减小0.10毫米，则饲料转化率提高1.3%。玉米粉碎粒度从1.200毫米减至0.400毫米时，泌乳母猪采食量与消化能进食量、饲粮干物质、能量与氮的消化率及仔猪的窝增重均随之提高，粪中干物质与氮的含量分别减少21%与31%。简易饲粮中玉米粒度从1.00毫米降至0.500毫米时，仔猪日增重显著提高，而复杂饲粮的猪日增重，受玉米粉碎粒度的影响较小。仔猪断奶后0～14天与14～35天饲料粉碎的适宜粒度为0.300毫米与0.500毫米；生长肥育猪与母猪分别为0.50～0.60毫米与0.40～0.60毫米。

(二) 浸泡

将饲料置于池中或缸中，按1∶1.5～1∶1的比例加入水进行浸泡。谷类、豆类、油饼类的饲料经过浸泡后变得膨胀柔软，便于消化。某些饲料经过浸泡可以减轻一些毒性和异味，从而提高了适口性。但是，浸泡的时间应掌握好，浸泡时间过长，会造成营养成分的损失，适口性也随之降低，有的能量饲料甚至还会因为浸泡过久而变质。

（三）加热处理

马铃薯和豆类等能量饲料不能生喂，必须经过蒸煮等加热处理。同时，蒸煮还可以提高其适口性和消化率，但蒸煮时间一般不能超过20分钟。

（四）生物调制

1. 发芽

谷物子粒发芽后，可使一部分蛋白质分解成氨基酸。同时，糖分、胡萝卜素、维生素E、维生素C及B族维生素的含量也大大增加。此法主要是在缺乏青绿饲料的冬春季节使用。

2. 糖化发酵饲料

糖化发酵就是把酵母、曲种等在饲料中接种，产生有机酸、酶、维生素和菌体蛋白，使饲料变得软熟香甜，略带酒味，还可分解其中部分难以消化的物质，从而提高了粗饲料的适口性和利用效率。

曲种的制法，取麦麸5千克，稻糠5千克，瓜干面、大麦面、豆饼面各1千克（料不全时可全用麦麸），曲种300克，水约13千克（料和水的重量相同），混合后放在盆中或地面上培养，料厚2厘米，12小时左右即增温，要控制温度不超过45℃。经1天半，曲料可初步成饼，翻曲一次，3天成曲种。曲种应放在阴凉通风、干燥处，避免受潮和阳光照射。

3. 发酵

发酵饲料的制法。可选择各种粗饲料如农作物秸秆、蔓叶和各种无毒的树叶、野草、野菜，粉碎后作为原料，原料不能发霉腐烂，以豆科作物作原料时，必须同禾本科植物混合，否则质量差，味道不正。取粗饲料50千克，加曲适量，加水50千克左右，拌匀后，以手紧握，指缝有水珠而不滴落为宜。冬天可加温水以利升温发酵，堆厚为 20 厘米，冬季盖席片，待堆温上升到 40℃ 时即可饲喂。

（五）制粒

将饲料制成颗粒，可以使淀粉熟化；可以使大豆、豆饼及谷物饲料中的抗营养因子发生变化，减少其对猪的危害；可以保持饲料的均质性。因此，制粒可显著提高配合饲料的适口性和消化率。

二、饲料配合的方法及工艺

（一）原料的接收

（1）散装原料的接收 以散装汽车、火车运输的，用自卸汽车经地磅称量后将原料卸到卸料坑。

（2）包装原料的接收 分为人工搬运和机械接收两种。

（3）液体原料的接收 瓶装、桶装可直接由人工搬运入库。

（二）原料的贮藏

饲料中原料和物料的状态较多，必须使用各种形式的料仓，饲料厂的料仓有筒仓和房式仓 2 种。主原料如玉米和高粱等谷物类原料，流动性好，不易结块，多采用筒仓贮存，而副料如麸皮、豆粕等粉状原料，散落性差，存放一段时间后易结块不易出料，采用房式仓贮存。

（三）原料的清理

饲料原料中的杂质，不仅影响到饲料产品质量而且直接关系到饲料加工设备及人身安全，严重时可致整台设备遭到破坏，影响饲料生产的顺利进行，故应及时清除。饲料厂的清理设备以筛选和磁选设备为主，筛选设备除去原料中的石块、泥块、麻袋片等大而长的杂物，磁选设备主要去除铁质类杂质。

（四）粉碎

饲料粉碎的工艺流程是根据要求的粒度，饲料的品种等条件而定。按原料粉碎次数，可分为一次粉碎工艺和循环粉碎工艺或二次粉碎工艺。按与配料工序的组合形式可分为先配料后粉碎工艺与先粉碎后配料工艺。

（五）配料

目前常用的工艺流程有人工添加配料、容积式配料、一仓一秤配料、多仓数秤配料和多仓一秤配料等。

1. 人工添加配料

人工控制添加配料适用于小型饲料加工厂和饲料加工车间。这种配料工艺是将参加配料的各种组分由人工称量，然后由人工将称量过的物料倾倒入混合机中。因为全部采用人工计量、人工配料，工艺极为简单，设备投资少、产品成本降低、计量灵活、精确。但人工的操作环境差、劳动强度大、劳动生产率很低，尤其是操作工人劳动较长的时间后，容易出差错。

2. 容积式配料

每只配料仓下面配置一台容积式配料器。

3. 一仓一秤配料

每个配料仓下配置一个计料秤进行配料。

4. 多仓一秤配料

多个配料仓共用一个计料秤进行配料。

5. 多仓数秤配料

将所计量的物料按照其物理特性或称量范围分组，每组配上相应的计量装置。

（六）混合

混合可分为分批混合和连续混合2种。

分批混合就是将各种混合组分根据配方的比例混合在一起，并将它们送入周期性工作的"批量混合机"分批地进行混合。这种混合方式改换配方比较方便，每批之间的相互混杂较少，是目前普遍应用的一种混合工艺。启闭操作比较频繁，因此大多采用自动程序控制。

连续混合工艺是将各种饲料组分同时分别地连续计量，并按比例配合成一股含有各种组分的料流，当这股料流进入连续混合机后，则连续混合而成一股均匀的料流。这种工艺的优点是可以连续地进行，容易与粉碎及制粒等连续操作的工序相衔接，生产时不需要频繁地操作，但是，在换配方时，流量的调节比较麻烦，而且在连续输送和连续混合设备中的物料残留较多，所以两批饲料之间的互混问题比较严重。

（七）熟化

混合粉料在第一个调制器中加入蒸汽、糖蜜，然后送入熟化器，物料达到定量时，料位器可使送料停止，送入的物料通过熟化器时得到连续的搅拌。经一定时间后被排到制粒机的调质器，再补充添加约1%蒸汽后再调质，进入制粒机。

（八）调质

调质是通过水蒸汽对混合粉料进行热湿作用，使物料中的淀粉糊化、蛋白质变性、物料软化以便制粒机提高制粒质量和效果，并改善饲料的适口性和稳定性，提高饲料的消化吸收率。

（九）制粒

1. 环模制粒

调质均匀的物料先通过安装磁铁去杂，然后被均匀地分布在压混和压模之间，这样物料由供料区压紧区进入挤压区，被压辊钳入模孔连续挤压开分，形成柱状的饲料，随着压模回转，被固定在压模外面的切刀切成颗料状饲料。

2. 平模制粒

混合后的物料进入制粒系统，位于压粒系统上部的旋转分料器均匀地把物料撒布于压模表面，然后由旋转的压混将物料压入模孔并从底部压出，经模孔出来的棒状饲料由切辊切成需求的长度。

（十）破碎

采用先压制大颗粒再用碎粒机破碎成小颗粒，可提高产量近2倍，大幅度降低能耗，提高饲料厂全流程的生产效率。破碎的颗粒经过级分级筛，出来合格的产品，不合格的小颗粒送回重新制粒，几何尺寸大于合格产品的颗粒重新回到破碎机中破碎。

（十一）冷却干燥

在制粒过程中由于通入高温、高湿的蒸汽同时物料被挤压产生大量的热，使得颗粒饲料刚从制粒机出来时，含水量达16%～18%，温度高达75～85℃，在这种条件下，颗粒饲料容易变形破碎，贮藏时也会产生粘结和霉变现象，必须使其水分降至12%以下，温度降低至比气温高8℃以下，这就需要冷却和干燥。选用振动流化床干燥机，在振动电机产生的激振力使机器振动，物料跳跃前进，与床底输入的热风充分接触，达到理想的干燥效果。

（十二）筛分和包装

干燥冷却的膨化颗粒料经过筛理，将筛下物送回调制器，筛上物符合规格的颗粒送至喷涂机进行油脂、维生素、香味剂的喷涂。喷涂后的产品可以进行包装、入库贮存。

三、配合饲料的品质及控制

（一）粉碎粒度

粉碎粒度的大小，直接影响到动物的消化吸收、加工成本、后续加工工序和产品质量，控制好物料的粉碎粒度是饲料生产的一个关键环节。不同的动物品种、饲养阶段、原料组成、调质熟化和成形方式对饲料粉碎粒度的要求不同。粉碎粒度既要满足养殖动物的需求，又要使制粒效果、电耗和粉化率都比较合理。

（二）配料精度

科学的配方要靠精确的计量和配料来实现。配料精度是决定饲料营养成分含量是否达到配方设计要求的主要因素，直接影响到饲料的质量、成本和安全性。如果称量不准确，配方设计的再好也无济于事。

目前，普遍采用的配料方式主要有自动配料系统、人工称重配料和人工与自动配料相结合等几种。正确选择高精度配料秤和采取适宜的配料方式是确保配料准确的关键。由于原料配比差异较大，允许配料误差也不相同，应采用大、中、小秤相结合，分别进行配料，"大秤配大料"、"小秤配小料"，而对于微量成分，采用人工称量添加。计算机控制自动配料时，可采用变频单、双螺旋输送机喂料控制，空中自动修正等技术来减少配料误差；同时要定期检查、检修、校准各种配料秤，并经常检查喂料装置及控制系统的工作情况。

（三）混合均匀度

成品饲料均匀与否，是饲料产品质量的关键所在，直接影响动物能否从饲料中获得充足而全面的养分。常用混合均匀度变异系数（CV）来衡量混合物中各种组分均匀分布的程度。若饲料均匀度不好，必将使动物出现某些营养成分过剩，而另一些营养成分不足的现象，特别是微量组分的差异就更加显著，必将影响饲养的效果，甚至造成养殖事故（例如，中毒等）。目前，国家或行业对混合均匀度变异系数的要求一般为：配合饲料≤10%；浓缩饲料≤7%；添加剂预混合饲料≤5%。要保证混合均匀度，必须根据饲料产品对混合均匀度变异系数的要求选择适当的混合机，并依据混合机本身的性能确定混合时间和装料量，不得随意更改。规定合理的物料添加顺序，一般是配比量大的、粒度大的、比重小的物料先加入。要保证混合均匀度还得注意混合机的日常维护保养，定期对混合机进行检查，对混合均匀度进行测定，确保混合机的正常运行。经常清理机内杂物，清除门周围的残留物料，使门开关灵活，杜绝漏料的现象。尽量缩短混合到调质制粒（或粉料成品仓）的输送距离，采用螺旋溜槽或导流板等缓冲装置尽量减小落差，避免使用气力输送，水平输送尽可能选用自清式圆弧刮板输送机等，以防止混合好的饲料离析分级。

（四）水分含量

1. 控制水分含量的重要性

水分含量这一质量指标是确保饲料产品安全贮存的关键。水分含量的高低直接影响着成品的感官指标、卫生指标及储藏的货架期等，还直接影响到饲料的品质及生产厂家的经济效益。水分高了，不但降低饲料的能量，而且不利于保存，存放时间稍长，很容易诱发饲料氧化变质，甚至发霉，从而影响饲料的质量和使用的安全；水分太低，对生产者又造成了不必要的损失，而且忽高忽低的水分含量还造成产品质量的不稳定，影响产品的品牌声誉。国家及行业标准对水分含量有硬性规定，一般在北方要求配合饲料、精料补充料水分含量≤14%；在南方，水分含量≤

12.5%。符合下列情况之一时可允许增加 0.5% 的含水量：平均温度在 10 ℃以下的季节或从出厂到饲喂期不超过 10 天者。

2. 影响饲料产品最终水分含量的主要因素

饲料原料本身的水分含量、混合阶段的液体添加量、调质强度、冷却器的风量及风干时间、不同气候环境等。

3. 控制饲料产品的水分办法

（1）控制原料的水分　控制原料的水分能有效地控制饲料产品的水分含量。水分超标的原料一般情况下不得加工成品饲料。玉米在配合饲料中占很大比例，严格加强对以玉米为首的各种原料的水分监测，是确保饲料产品水分含量的关键。控制原料水分的含量≤13%。

（2）控制饲料的加工过程　各个加工工序水分的控制对最后的成品质量都有着很大的影响。从原料的输入到产品的输出，合适的水分含量不仅可降低饲料的加工成本，减少各加工过程中的能量损失及加工设备的机械损耗，同时也能提高饲料产品的质量和饲料加工的工作效率。

生产硬颗粒饲料时，调质后入模物料的水分含量控制在 15.0%～18.0%；生产膨化颗粒饲料时，调质后入模物料的水分含量控制在 25%～30%。颗粒冷却后水分含量符合成品饲料标准要求。

（五）感官指标

饲料产品的感官评价是最直观的产品质量评价方法，依靠视觉、嗅觉、味觉和触觉等来鉴定饲料的外观形态、色泽、气味和硬度等，把宏观指标不符合产品质量要求者区分出来予以控制，严防流入市场造成不良影响。国家标准或行业标准都对饲料产品的感官指标提出了要求，要求饲料色泽、颗粒大小均匀一致，新鲜无杂质，无发酵霉变、结块现象，无异味、异臭，无虫蛀及鼠咬。

四、饲料卫生及检验

砷的允许量（以总砷计，每千克产品中）≤2.0毫克；铅的允许量（以 Pb 计，每千克产品中）≤0.4毫克；氟的允许量（以 F 计，每千克产品中）≤100毫克；霉菌的允许量（每克产品中）霉菌数≤45×10^3个；黄曲霉素 B_1 的允许量（每千克产品中）≤20微克；铬的允许量（以 Cr 计，每千克产品中）≤10毫克；汞的允许量（以 Hg 计，每千克产品中）≤0.1毫克；镉的允许量（以 Cd 计，每千克产品中）≤0.5毫克；氰化物的允许量（以 HCN 计，每千克产品中）≤50毫克；亚硝酸盐的允许量（以 $NaNO_2$ 计，每千克产品中）≤15毫克；游离棉酚的允许量（每千克产品中）≤60毫克；异硫氰酸酯的允许量（以丙烯基异硫氰酸酯计）≤500毫克；六六六的允许量（每千克产品中）≤0.4毫克；滴滴涕的允许量（每千克产品中）≤0.2毫克；沙门氏杆菌不得检出。

检验方法严格按照饲料卫生标准（国标 13078—2001）规定的有毒有害物质及微生物的允许量及其实验方法执行。

第四章

饲养管理

第一节　各类猪的饲养管理技术

一、种公猪的饲养管理技术

（一）种公猪的饲养管理

1. 程序安排

（1）上午

①巡视猪群。

②检查温湿度状况、饮水器状况并调节至适宜。

③清理料槽、投料饲喂。

④观察猪群采食、治疗。

⑤环境卫生。

⑥采精、稀释、生产分装、保存、输精配种。

⑦运动、刷试、其他工作。

⑧巡视猪群，检查温湿度，并调节至适宜。

（2）下午

①巡视猪群，检查温湿度，并调节至适宜。

②清理料槽、投料饲喂。

③观察猪群采食、治疗。

④清理卫生。

⑤配种、采精、调教、刷试、其他工作。

⑥工作小结、填写报表。

⑦巡视猪群，检查温湿度，并调节至适宜。

2. 日常管理

（1）巡视　巡视全群状况，及时处理异常情况。

（2）饲喂　种公猪应单圈饲喂，定时定量，一般每天饲喂 2 次。同时应根据个体体况以及使用强度等情况适当调整喂量，保持其种用体况。当种公猪配种负荷大时，可每天加喂 1~2 枚鸡蛋，满足其营养需要。

（3）观察记录　在公猪采食过程中当详细观察猪只采食情况，了解其健康状况，出现采食减少与不食时应及时诊断与治疗并做好记录，同时调整配种计划，待猪只健康恢复后应当加强该猪的精液品质检测。

（4）环境卫生　应当保证圈舍干净，空气清新，光线充足，及时的清除粪便，做好饲槽饮水器的清洁卫生工作。制定舍内的消毒计划，定期消毒。采精前要用 0.1% 的高锰酸钾水将公猪包皮周围擦洗干净。

（5）采精　成年种公猪每周可采精 2~3 次，定期进行精液品质检查，一旦精液品质下降，就应及时查找原因并作相应处理。

（6）运动　公猪应坚持每天运动，以提高种公猪的新陈代谢，促进食欲，增强体质，提高精液品质。

（7）保健　对种公猪主动要与其亲近，建立人猪亲和关系，对猪体经常刷拭，防止体表寄生虫病的发生，定期驱虫，经常修剪公猪包皮周围毛丛，同时也应注意给公猪修蹄。

3. 注意事项

（1）合理利用 公猪的利用，不能过于频繁。配种或采精次数过多，就会导致体况下降，降低配种能力和缩短使用年限。1～2岁青年种公猪，每周配种或采精2～3次；2岁以上的成年公猪，每周配种或采精3～4次。对长时间不使用的公猪也应定期进行采精，以保持其性欲和提高精液品质。否则会造成精液品质下降，性欲减退。

（2）体况调整 在配种使用期间，应视利用强度调整饲喂量。对过肥公猪可减少饲喂量15%左右，同时加喂青粗饲料，并增加运动量。

（3）卫生防疫 定期进行猪栏内外环境消毒，保持圈舍清洁卫生，搞好驱虫和免疫工作。

（4）环境控制 做好防暑降温工作。种公猪适宜的温度为18～20℃。夏季高温对种公猪的影响特别大，会导致食欲下降、性欲降低，精液品质严重下降，所以要注意防暑降温，一般采用的方式是淋（滴）水降温、湿帘风机降温等。冬季猪舍要防寒保暖，以减少饲料的消耗和疾病发生。

（5）检查 定期进行精液品质检查。

（6）防止种公猪打斗 在配种或户外运动过程中，应避免两头公猪相遇，防止双方打斗，避免出现不必要的损伤。如场内公猪较多，单独驱赶运动耗费时间和人力，为了提高整个猪群的运动频率，可在公猪舍外修建环形跑道，这样可同时让多头公猪同时运动。

（二）种公猪的淘汰

出现以下问题的种公猪应被淘汰。

①精液品质差。

②性欲低，配种能力差。

③与配母猪分娩率及产仔数低。

④患肢蹄病、繁殖障碍等疾病。

⑤有恶癖行为。

（三）种公猪的使用年限与淘汰比例

种公猪一般使用2~3年，年淘汰率约30%。

（四）饲养公猪常见问题及对策

1. 常见问题

（1）营养不合理

① 公猪过肥。由于公猪的日粮能量水平过高，喂量过多，缺乏运动，导致公猪体况过肥，影响正常配种。公猪采食了大量的动物蛋白质、高蛋白质浓缩料、玉米，且有时还要采食鸡蛋，5月龄左右就已达100千克，同时由于缺乏运动，公猪爬跨无力，或不能持久爬跨，无法配种。

② 公猪过瘦。由于公猪的日粮能量水平过低，喂量不足，导致公猪体况过瘦，影响正常配种。

（2）初配体重和年龄偏小。部分猪场为了能让种公猪早日配种获利，在种公猪尚未达到体成熟和性成熟时，一旦发现公猪有性行为，如有需要就立即开始配种。这样不仅缩短了种公猪的使用寿命，还会使种公猪性功能衰退，过早地淘汰。

（3）配种强度过大。规模猪场引进种母猪时体重和年龄相差不大，发情时间集中，发情母猪较多的情况下，公猪的配种次数就相对大，有的最多时一天要配种5~7头，长期配种强度过大，会导致公猪繁殖障碍，缩短公猪使用年限。

（4）公猪体重过大。养殖户淘汰种公猪一般有两个方面的原因：一是种公猪配种强度过大后期性功能低下；二是体重过大，母猪承受不住公猪的重量。

（5）性欲低或无性欲　猪场饲养的种公猪发生性欲低或无性欲的现象比较多，其原因也非常多，大致有如下几方面。

① 疾病性不育。一般感染病毒性或细菌性传染病，体内外寄生虫病等都可造成公猪无性欲或缺乏性欲。此外，生殖器官炎症、关节炎、肌肉疼痛等均可引起交配困难或交配失败。

② 营养性不育。长期营养不良，尤其高蛋白质饲料、氨基酸、维生素和矿物质等缺乏或不足，公猪过肥、过瘦都可引起不育。

③ 精液品质差。精液品质差包括无精、死精、精子密度低、精子活力差或畸形精子比例超过标准等。营养因素、疾病因素均可导致生精能力下降，精子活力降低。

（6）机能性不育　先天性生殖器官发育不全或畸形，交配或采精时阴茎受到严重损伤或受惊吓刺激，四肢有疾患，后躯或脊椎关节炎等。公猪在配种时，性欲不旺盛，阴茎不能勃起，如过度使用或长期无配种任务，公母混养，缺乏运动，体况过肥、过瘦，年老体衰，未达到体成熟或性成熟，天气过冷、过热等均可导致不射精或阴茎不能勃起。

2. 解决措施

（1）保持良好膘情　种公猪保持中上等膘（七八成膘），也就是俗话说的"肥不露膘，瘦不露骨"，健康结实，精力充沛，这样才能性欲旺盛，能产出质优量多的精液。应进行科学饲养，种公猪生长前期（20千克以后）日粮能量浓度 DE 应为 13.54 兆焦/千克；粗蛋白质18%，自由采食；生长后期（70千克以后）日粮能量浓度 DE 应为 13.63 兆焦/千克，粗蛋白16%，每天采食

3 千克左右日粮。日增重在 450~800 克，平均日增重在 500 克/天左右。同时日粮中补充含维生素丰富的青绿多汁饲料和矿物质。

（2）合适的初配体重和年龄 外种公猪性成熟较晚，一般在生后 5~6 月龄达到性成熟，应在 8~10 月龄，体重达到 100 千克以上进行初配。种公猪的使用次数与年龄有关，青年公猪（1 岁左右）一般每周配种 1~2 次为宜；成年公猪（1 岁以上）每周使用 2~3 次。同时还要不定期用显微镜检查精液品质。公猪后期体重应加以控制，在配种期间应当补充足够的营养，日粮容积饲料不宜过大，投料量一般占体重 2.5%~3.0%，精料用量应比配种前多，青粗料的比例要小些，以免形成草腹。采食量应在八成饱为宜，并定时、定量、定质。定期称重，否则体重过大，影响配种。

（3）对无性欲公猪应尽早采取措施，及时处理 科学饲养管理，每天合理运动 2 小时以上。做好疾病防治工作，定期进行消毒和免疫。经常检查精液品质，并及时分析、治疗。对先天性生殖机能障碍的，应视具体情况选留或淘汰。对无性欲公猪主要采取的措施：一是肌内注射丙酸睾丸酮，隔 1 天 1 次，连续 2~3 次；二是注射促性腺激素或维生素 E；三是试用提高公猪性欲的中药。

二、种母猪的饲养管理技术

（一）空怀母猪的饲养管理

1. 工作程序

（1）上午

①巡视猪群。

②检查温湿度状况、饮水器状况并调节至适宜。

③清理料槽、投料喂饲。

④观察猪群采食、治疗。

⑤环境卫生。

⑥查情、配种。

⑦诱情、其他工作。

⑧巡视猪群，检查温湿度，并调节至适宜。

（2）下午

①巡视猪群，检查温湿度，并调节至适宜。

②清理料槽、投料喂饲。

③观察猪群采食、治疗。

④清理卫生。

⑤查情、配种。

⑥诱情、运动、其他工作。

⑦工作小结、填写报表。

⑧巡视猪群，检查温湿度，并调节至适宜。

2. 空怀母猪的饲养

断奶前 3 天母猪就应该逐步减料，直至断奶当天停料 1 天（但不断水）。主要是通过减少投料来减少乳房分泌乳汁量，避免乳房炎的发生。断奶后第 1 天开始少量喂料，至第 3 天逐步恢复，后视体况而定。

3. 空怀母猪的管理

（1）巡视　巡视全群状况，及时处理异常情况。

（2）饲喂　视体况饲喂，体况较差的母猪要增加饲喂量以达到"补饲催情"的效果。

（3）诱情、查情、配种与记录　空怀母猪应经常保持与公猪的接触，促使母猪发情。断奶后母猪一般在 7 天左右再次发情，配种后的母猪在 21 天左右有可能返情，饲养员和配种人员要及时重点观察猪只在这两阶段的发情情况，确保及时配种，同时要做好相应的配种记录，计算预产期。

（4）环境卫生　搞好环境卫生工作，同时在配种的时候需把母猪阴户周围冲洗、消毒并擦洗干净。

4. 注意事项

（1）治疗　治疗母猪从产房带过来的疾病：如乳房炎症和子宫炎。在治疗期间的母猪，如有发情，最好在该情期不予配种。

（2）淘汰无价值的母猪　对屡配不孕、不发情、久病不愈、产仔缺陷及体况极差没有恢复迹象的母猪予以淘汰。母猪的年淘汰率30%左右。

（二）妊娠母猪的饲养管理

1. 工作程序

（1）上午

①巡视猪群。

②检查温湿度状况、饮水器状况并调节至适宜。

③清理料槽、投料喂饲。

④观察猪群采食、治疗。

⑤环境卫生。

⑥查返情、妊娠检查、其他工作。

⑦巡视猪群，检查温湿度，并调节至适宜。

（2）下午

①巡视猪群，检查温湿度，并调节至适宜。

②清理料槽、投料喂饲。

③观察猪群采食、治疗。

④清理卫生。

⑤查返情、妊娠检查、其他工作。

⑥工作小结、填写报表。

⑦巡视猪群，检查温湿度，并调节至适宜。

2. 妊娠母猪的饲养

（1）妊娠前 80 天的饲养

① 前 21 天（妊娠前期）适当降低饲喂量，促进胚胎着床。

② 21～80 天（妊娠中期）的日饲喂量在限制饲喂的的基础上逐渐恢复到正常饲喂量。但需要防止母体过肥，致使胚胎成活率下降。

（2）妊娠 80 天至产前 1 周（妊娠后期）　此阶段胎儿增重快，绝对增重也高，胎儿体重的 60%～70% 均来自于此阶段。这个时期应给予充足营养，适当增加精料，减少粗料并补足钙磷，保证胎儿正常发育。

（3）产前 1 周　妊娠母猪在产前 1 周应转圈到产房，产前 3 天开始减少饲喂量。有条件的在产仔当天可饲喂麦麸汤，这可预防乳汁过浓引起仔猪消化不良和产科问题。

3. 妊娠母猪的管理

（1）巡视　巡视全群状况，及时处理异常情况。

（2）饲喂　妊娠母猪可采用一天 2 次饲喂，分为早上和下午。总体要求是"前低后高"。

（3）查返情　在配种后的 21 天和 42 天左右是母猪返情的表现期，要注意观察母猪是否具有发情特征。

（4）环境卫生　要保证圈舍清洁卫生，防止子宫感染和其他疾病的发生。

4. 注意事项

（1）前期减少应激 在配种后 9～13 天是胚胎着床期，该期内胚胎的死亡率为 20%～45%。如果在此阶段母猪受到较大的外界干扰刺激，会使子宫内的安静状态受到破坏，将影响胚胎的附植，引起部分胚胎着床失败或死亡，影响产仔数。此外，在整个妊娠过程中都应当减少对母猪的刺激，避免母猪过于受惊而引起流产。

（2）防止母猪咬伤与机械性流产 母猪妊娠期间需要一个安静的环境，在妊娠过程中不宜随时调整圈舍或者合群，在转群过程中不能粗暴，要温和的进行驱赶，避免母猪打架、滑倒和碰撞，防止拥挤和惊吓。

（3）防暑降温 妊娠早期母猪对高温环境的耐受力差。当外界温度长时间超过 32℃ 时，胚胎的死亡率明显增加。因此，在高温环境下，母猪产仔数减少，死胎畸形数量明显增多。

（4）及时转圈 转圈包括配种 21 天后从配种舍转到妊娠舍，母猪在产前 1 周经消毒后从妊娠舍转到产仔舍。特别要及时地查看配种记录，计算预产期，不要让母猪在妊娠舍产仔，以免压死或冻死仔猪。

（5）卫生防疫 此阶段注意定期消毒，产前应注射疫苗和驱虫。

（三）哺乳母猪的饲养管理

1. 工作程序

（1）上午

①交班，巡视猪群，与下半夜人员一起清点仔猪数目，了解母猪预产情况。

②检查温湿度状况、饮水器、仔猪保温箱状况并调节至

适宜。

③清理料槽（未吃完的料可收集饲喂育肥猪）、关3日内小猪，投料喂饲。

④观察猪群采食、治疗（给人工助产、产木乃伊的母猪清宫）。

⑤间隔1～2小时给3日龄内小猪喂奶（人工固定奶头）。

⑥仔猪补料。

⑦环境卫生（随时巡视，及时清除产床上的粪污）。

⑧随时接产。

⑨与午班人员一起清点仔猪数目，交午班。

（2）中午

①交班，巡视猪群，清点仔猪数目，了解母猪预产情况。

②接产（随时）。

③间隔1小时给三日龄内小猪喂奶（人工固定奶头）。

④交班。

（3）下午

①交班，巡视猪群，清点仔猪数目，了解母猪预产情况。

②清理料槽、投料喂饲。

③观察猪群采食、治疗。

④仔猪补料。

⑤随时清理卫生。

⑥随时接产。

⑦及时填写报表。

⑧清点仔猪数目，交夜班。

（4）晚上

①交班，巡视猪群，清点仔猪数目，了解母猪预产情况。

②随时接产。

③间隔 1 小时给 3 日龄内小猪喂奶（人工固定奶头）。

④仔猪补料，寒冷时，及时把小猪赶回保温箱。

2. 母猪的分娩

（1）分娩前的准备 在母猪产前 1 周需准备好产房，产房要彻底清洗、消毒、干燥后备用，准备仔猪保暖设施以及分娩用具。

（2）临产征状 母猪产前 3～5 天，外阴红肿松驰呈紫红色，尾根两侧下陷，乳房胀大，两侧乳头向外开展呈八字形并呈潮红色。一般情况下，当母猪前面的乳头能挤出乳汁，最后一对乳头能挤出浓稠乳汁时，母猪将在 3～4 小时分娩；当母猪表现起卧不安，频频排尿，在圈内来回走动，阴部流出稀薄的带血黏液时，说明母猪即将产仔。

（3）接产 在接产前应做好接产准备，调节好仔猪保温箱，箱内铺上清洁干燥的垫草、麻袋等。备好干净毛巾、肥皂、消毒用碘酒、剪牙断尾钳、耳号钳以及记录表格等。一般母猪分娩多在夜间，整个接产过程要求保持安静，动作迅速而准确。

① 守候接产。母猪产仔时必须要有人守候，仔猪产出后，接产人员应立即用毛巾将仔猪口、鼻的黏液掏出并擦净，再将全身黏液擦净。

② 断脐。先将脐带内的血液向仔猪腹部方向挤压，然后在距离腹部约 4 厘米处把脐带用手指掐断，断处用碘酒消毒，若断脐时流血过多，可用手指捏住断头，直到血不再流，或用棉线结扎，放入保温箱。

③ 剪牙。目的是防止小猪在争夺乳头时用犬齿互相殴斗而咬伤面颊，咬伤母猪乳头或乳房引发感染。方法是：一只手的拇指

和食指捏住小猪上下颌之间（即两侧口角），迫使小猪张开嘴露出犬牙，然后用专用牙剪或斜口钳分别剪去上下左右犬牙。剪牙时要注意断面平整，不要伤及齿龈和舌。

④ 仔猪编号。通常采用剪耳缺的方式对仔猪进行编号。常用的方法为群体连续编号法和群体窝号＋个体号法，见图 4－1。

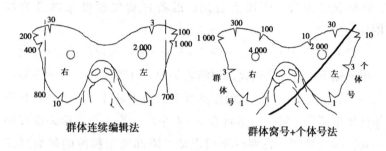

图 4－1　耳号示意图

⑤ 仔猪寄养。当出现母猪产仔数多于有效奶头数时，需将多余仔猪喂完初乳后寄养到产期接近（3 天内）、哺育仔猪数少、奶头有空余的母猪喂养。

⑥ 假死仔猪的急救。有的仔猪在产道停留时间较长，产下后呼吸停止，但心脏仍在跳动，称为"假死"。急救办法以人工呼吸最为简便，操作时可将仔猪四肢朝上，一手托着肩部，另一只手托着臀部，然后一屈一伸反复压缩胸腔，直到仔猪发出叫声为止，也可以采用在鼻部涂酒精或倒提拍打等方法。

⑦ 难产的处理。母猪长时间剧烈阵痛，但仍不能娩出仔猪，这时若发现母猪呼吸困难，心跳加快，应实行人工助产。首先采取按压腹部帮助母猪生产的办法。如果不能生产，再采取注射催产素的办法。注射催产素后 2 小时都不能生产，最好将手洗净，剪去手指甲，磨光，涂抹上肥皂，用手摸，母猪子宫收缩时，强

行将仔猪拉出。

⑧ 及时清理产圈。产仔结束后，应及时将产床和产圈打扫干净，排出的胎衣随时清理，以防母猪吃胎衣，避免养成吃仔猪的恶癖。

（4）分娩后母猪的护理

① 分娩后母猪机体抵抗力减弱，要经常保持圈舍的清洁，并及时对母猪外阴部进行清洁。

② 密切关注胎衣以及恶露的排出情况。猪的恶露很少，初为污红色，以后变为淡白，再成为透明，常在产后 2 ~ 3 天停止排出。对胎衣未排完、恶露较多的母猪及时用抗生素或 0.1% 的高锰酸钾溶液进行清宫。

③ 给母猪补充质量好、易消化的谷类饲料。供给的饲料不可太多，饲喂量通常在产后 8 天逐渐恢复正常。

④ 驱赶母猪站立采食。有的体弱母猪不愿采食，结果会导致进一步体弱，要确保每头母猪能够站立采食，对采食不正常的母猪及时进行治疗。

3. 哺乳母猪的饲养

母猪一般在产后 1 周左右能恢复体力。根据"低妊娠高泌乳"的原则，在哺乳期间母猪饲养中要给予充足的饲料，同时保证饲料能量水平较高，禁止饲喂霉变或冰冻等不合格的饲料。此外还要保证充足的饮水，以提高泌乳量。

4. 哺乳母猪的管理

（1）巡视 巡视猪群，查看母猪和仔猪的健康状况，确保保温和通风换气设施完好。

（2）环境控制 产房要保持干燥、安静的环境。在夏季对于哺乳母猪要做好防暑降温工作，因为高温影响母猪采食量，进而影响泌乳量，可采用淋浴、使用风扇、开窗、舍顶喷水等方式进行降温；冬季需注意防寒保暖，应关闭门窗、避免贼风，或采用供暖设施增加室内温度，同时也要保持舍内通风换气。

（3）清洁卫生　哺乳舍一定要保证环境的清洁卫生，通风干燥，增加消毒次数，及时清扫圈舍或产床，做好防疫工作，防止仔猪下痢。

5. 注意事项

①冬季做好防寒保暖的同时，应注意适当通风换气。

②及时发现并治疗常见炎症如乳房炎和生殖道炎症等。

（四）母猪饲养管理常见问题及对策

1. 便秘

母猪饲料中粗纤维含量比肉猪饲料的高，为何粪便却比肉猪的硬呢？因为母猪分娩前后会产生乳房水肿，而肉猪不会。乳房水肿会产生便秘的现象。如不针对乳房水肿来解决问题，而只是一味的在母猪饲料中添加高纤维的饲料（如麸皮），便秘不但不会改变，而且还出现以下问题：一是降低饲料营养；二是占据母猪胃的空间，减少母猪所能摄取的营养；三是造成能量的浪费，使母猪的体温升高，加重母猪分娩后厌食。

2. 缺乳

出生小猪的死亡有42%以上是由于母猪缺乳所致，那是什么原因导致母猪缺乳呢？一是乳房炎和乳房水肿。根据解剖发现，缺乳的母猪其乳腺组织及母猪怀孕后期的乳腺组织皆有水肿迹象，乳房水肿为怀孕母猪必然发生的生理现象，但如果不去注意它，往往会转变为乳房炎，进而导致缺乳现象的发生。二是毒素，霉菌毒素及自家疫苗中杂菌所产生的毒素；三是导致怀孕后期胚胎增长等必然发生生理变化，内分泌不平衡。

3. 难产

难产的预防，一是提供足够的营养给母猪；二是在母猪饲料中添加优良的有机铁，以增加母猪腹部的收缩力；三是降低热应激，如减少饲料中粗纤维的含量等；四是重视分娩舍的消毒；五是分娩前的生理调整措施。

4. 跛脚

造成跛脚的原因？一是软脚：将母猪圈养在易滑的栏舍，造成母猪条件性的应激紧张，进而使骨骼异常；二是饲料中微量元素的缺乏；三是关节炎；四是蹄裂：除了地板粗糙摩擦外，还有个原因就是饲料中生物素的缺乏。

三、仔猪的饲养管理技术

（一）哺乳仔猪的饲养管理

1. 生理特点

①调节体温机能不完善，体内能源贮备有限。

②消化器官不发达，消化机能不完善。

③缺乏先天免疫力，抵抗疾病能力差。

④生长发育迅速，新陈代谢旺盛。

2. 饲养管理

（1）过好初生关

① 早喂初乳，固定乳头。仔猪出生后应尽快喂初乳，最晚不宜超过2小时。早吃初乳可早得到营养补充，有利于恢复体温；另外仔猪出生36小时内可通过肠壁全部吸收初乳中的免疫球蛋白。一般出生后3天仔猪都会固定奶头，对个别弱小仔猪可通过人工辅助让其吮吸并固定于前面的乳头。

② 加强保温、防冻防压。初生仔猪体温调节的机能不完善，

对寒冷的抵抗力差，温度要求较高，在 1 ~ 3 日龄时适宜温度为 30 ~ 32℃，4 ~ 7 日龄为 28 ~ 30℃，15 ~ 30 日龄为 22 ~ 25℃。低温会引起仔猪感冒、肺炎或被冻死，同时初生仔猪活动不灵活，容易发生被母猪踩死或压死的情况，一般前 3 天应母仔分开，将仔猪关在保温箱内，每 1 ~ 2 小时放出吃奶，吃奶后将仔猪赶回保温箱。与此同时应着重加强对产仔舍的巡视，及时阻止踩死和压死情况的发生。

③ 选择性寄养。当仔猪数超过母猪哺育能力，母猪出现疾患、无乳或产仔数较少等情况时，应尽早对仔猪进行寄养，寄养方法有以下几种。

一是母猪乳量不足，胎产过多，仔猪发育不均，可挑个别强壮仔猪选择性寄养。

二是母猪缺乳，母性差，体弱，有恶癖，或母猪产仔数较少（寄养后的母猪继续发情配种，提高母猪利用率），可将全窝仔猪寄养。

三是当两窝产期相近且仔猪都发育不均时，按仔猪体形大小分为 2 组，较弱的一组仔猪交由乳汁多而质量高、母性好的母猪哺育，另外一头母猪哺育剩下一组。

寄养时的注意事项及措施如下。

一是仔猪寄养时出生日期一致或相近，一般不超过 3 ~ 5 天。后产的仔猪向先产的窝里寄养时，要挑选猪群里体大的寄养，先产的仔猪向后产的窝里寄养时，则要挑体重小的寄养，以避免仔猪体重相差较大，影响体重小的仔猪生长发育。

二是被寄养的仔猪一定要吃初乳。仔猪吃到充足的初乳才容易成活，如因特殊原因仔猪没吃到生母的初乳时，可吃养母（奶妈）的初乳。

三是有病的仔猪不寄养。

（2）及时补铁、补硒 一般在 3 日龄内，较常用的是深部肌内注射。补铁、补硒后可明显改变仔猪生长状况，提高仔猪的增重和育成率。

（3）尽早补饲 仔猪早期补饲能够促进消化器官发育，增强消化功能；提高断奶重和成活率，经济效益显著。经补饲的仔猪消化器官发育良好，体质好，抗病力强。

① 补料时间。7 日龄左右。

② 补料方法。一是自由择食法：将诱食料放在仔猪经常经过的地方，任其自由拣食；二是强制诱食法：将诱食料调成稀糊状，涂抹于仔猪嘴唇或舌头上，任其舔食。

（4）适时去势 去势时间不固定，很多集约化猪场在 10 日龄左右去势。优点是应激反应相对比较小，出血量少，不易感染疫病且劳动强度低。也可调整在断奶前 1 周。

（5）疾病预防

① 卫生。饲养员在巡视的过程中应随时清除母猪的粪便。每日清除产床下面的饲料和粪便。

② 预防腹泻。仔猪腹泻在猪场发生率很高，危害很大，病愈后仔猪往往生长发育不良，增重明显下降。发生腹泻的原因是由于环境的污染、寒冷的气候、消化不良及病原微生物的侵染等，因此要保证圈舍的清洁卫生，做好保温工作，开食阶段要采用正确的方法及投喂量，加强消毒，提前预防。

③ 免疫。应按照本场的免疫程序做好各种疫苗的预防注射。

（6）断奶

① 时间。传统仔猪的断奶时间在 8 周龄左右，就是平常说的双月断奶。现代集约化养猪常采用 3~5 周龄断奶。

② 方法和程序。一次性断奶法：即到断奶日龄时，一次性将母仔分开。具体可采用将母猪赶出原栏，留全部仔猪在原栏饲养。此法简便，并能促使母猪在断奶后迅速发情。不足之处是突然断奶后，母猪容易发生乳房炎，仔猪也会因突然受到断奶刺激，影响生长发育。因此，断奶前应注意调整母猪的喂料，降低泌乳量，细心护理仔猪，使之适应新的生活环境。分批断奶法：将体重大、发育好、食欲强的仔猪及时断奶，而让体弱、个体小、食欲差的仔猪继续留在母猪身边，适当延长其哺乳期，以利弱小仔猪的生长发育。采用该方法可使整窝仔猪都能正常生长发育，避免出现僵猪。但断奶期拖得较长，影响母猪发情配种。逐渐断奶法：在仔猪断奶前 4~6 天，把母猪赶到离原圈较远的地方，然后每天将母猪放回原圈数次，并逐日减少放回哺乳的次数，第 1 天 4~5 次，第 2 天 3~4 次，第 3~5 天停止哺育。这种方法可避免引起母猪乳房炎或仔猪胃肠疾病，对母、仔猪均较有利，但较费时、费工。将母猪赶进原饲养栏（圈），让仔猪吸食部分乳汁，到一定时间全部断奶。这样不会使仔猪因改变环境而惊惶不安，影响生长发育，既可达到断奶目的，又能防止母猪发生乳房炎，但较费时、费工。

③ 注意事项。一是限量饲喂，断奶前后 1 周必须控制采食量，否则会引起腹泻病或水肿病；二是防止应激，主要是防止环境突然改变，或饲料的突然改变也会引起腹泻病或水肿病。因此，在断奶后 2 周左右再缓慢把乳猪料更换为仔猪料；三是在断奶日将母猪赶往配种舍，仔猪不转移，减少应激；四是加强断奶仔猪的保暖工作，适当控制仔猪饲料添加量，以预防因消化不良引起的腹泻；五是在 1 周后将仔猪转群到仔猪保育舍，适当控制饲喂量，3~4 天后恢复自由采食。

（二）保育猪饲养管理技术

1. 转猪前的准备工作

（1）检查保育舍设施

在进猪前应对圈栏、食槽和饮水器进行检查修缮，确认完好后才能正常使用。此外冬季还应准备好保温板和保温灯。

（2）保育舍消毒

圈舍进猪之前应进行彻底的清洗消毒，干燥 3 天备用。常用的消毒方式有：甲醛溶液熏蒸消毒、火焰喷射消毒、双季铵盐或双季铵盐络合物、过氧乙酸和 3% ~5% 火碱消毒法等。

（3）调整保育舍温湿度

温度对疫病流行的影响程度很大。低温期的温度多变可显著降低仔猪的抗病力，保育舍的适宜温度为 22 ~24℃；湿度过大会引起猪只腹泻和皮炎等疾病，湿度过小舍内的粉尘会加大，危害猪只的呼吸道，易引发呼吸系统疾病，所以，湿度在 65% ~75% 较为适宜。

2. 分群与调教

（1）分群　刚断乳的仔猪一般要在原来的圈舍内饲养 1 周左右的时间再转入保育舍，在分群时按照尽量维持原窝同圈、大小体重相近的原则进行，个体太小和太弱的单独分群饲养。这样有利于仔猪情绪稳定，减轻混群产生紧张不安的刺激，减少因相互咬斗而造成的伤害，有利于仔猪生长发育；同时做好仔猪的调教工作，刚断乳转群的仔猪因为从产房到保育舍新的环境中，其采食、睡觉、饮水、排泄尚未形成固定位置，如果栏内安装料槽和自动饮水器，其采食和饮水经调教会很快适应。

（2）调教　仔猪转进保育舍后，前几天饲养员就要调教仔猪，区分采食区、睡卧区和排泄区。假如有小猪在睡卧区排泄，这时要及时把小猪赶到排泄区并把粪便清理干净。饲养员每次在清扫卫生时，要及时清除休息区的粪便和脏物，同时留一小部分粪便在排泄区，经3~5天的调教，仔猪就可形成固定的睡卧区和排泄区，这样可保持圈舍的清洁与卫生。

3. 饲养管理

（1）工作程序

（1）上午

① 巡视猪群。

② 检查温湿度状况、饮水器状况并调节至适宜。

③ 料槽及时添加饲料、保证自由采食。

④ 观察猪群采食、治疗。

⑤ 环境卫生。

⑥ 添足饲料、巡视猪群，检查温湿度，并调节至适宜。

（2）下午

① 巡视猪群。

② 检查温湿度状况、饮水器状况并调节至适宜。

③ 料槽及时添加饲料、保证自由采食。

④ 观察猪群采食、治疗。

⑤ 环境卫生。

⑥ 工作小结、填写报表。

⑦ 添足饲料、巡视猪群，检查温湿度，并调节至适宜。

（2）饲养方式

① 原窝同圈饲养法。将断奶后的整窝仔猪转移到保育舍，不进行并圈，可有效防止互相打架撕咬，造成伤害或死亡，但圈舍利用率不高。适宜于规模较小的猪场使用。

② 小单元大圈饲养法。将断奶日期相近的几窝仔猪合并到一

个小单元大圈中饲养，进行自由采食。该法可提高圈舍利用率，降低劳动强度，还可以利用猪的群食性提高采食量。这种方法适合于规模较大，同期仔猪多的猪场采用。

③ 保育猪的喂料。保育猪是以自由采食为主，保持料槽都有饲料。当仔猪进入保育舍后，先用代乳料饲喂 1 周左右，也就是不改变原饲料，以减少饲料变化引起应激，然后逐渐过渡到保育料。过渡最好采用渐进性过渡方式（即第 1 次换料 25%，第 2 次换料 50%，第 3 次换料 75%，第 4 次换料 100%，每次时间 3 天左右）。饲料要妥善保管，以保证到喂料时饲料仍然新鲜。为保证饲料新鲜和预防角落饲料发霉，注意要等料槽中的饲料吃完后再加料，且每隔 5 天清洗一次料槽。

④ 保育猪的饮水。水是猪每天食物中最重要的营养。仔猪刚转群到保育舍时，最好供给温热水，特别要注意夏天饮水器中的水温不能太高，冬天不能太低。前 3 天，每头仔猪可饮水 1 千克，4 天后饮水量会直线上升，至 10 千克体重时日饮水量可增加到 1.5～2 千克。饮水不足，使猪的采食量降低，直接影响到仔猪的营养需要，猪的生长速度可降低 20%。高温季节，保证猪的充分饮水尤为重要。天气太热时，仔猪将会因抢饮水器而咬架，有些仔猪还会占着饮水器取凉，使别的小猪不便喝水，还有的猪喜欢吃几口饲料又去喝一些水，往来频繁。如果不能及时喝到水，则吃料也就受影响。所以，如果一栏内有 10 头以上的猪应安装 2 个饮水器，按 50 厘米 距离分开安装，以利仔猪自由饮水。仔猪断乳后为了缓解各种应激因素，通常在饮水中添加葡萄糖、钾盐、钠盐等电解质或维生素、抗生素等药物，以提高仔猪的抵抗力，降低感染率。选择电解质、多维要考虑水溶性，确保维生素 C 和维生素 B 的供应。

⑤ 密度大小。在一定圈舍面积条件下，密度越高，群体越大，越容易引起拥挤和饲料利用率降低。但在冬春寒冷季节，若饲养密度和群体过小，会造成小环境温度偏低，影响仔猪生长。圈舍采用漏缝或半漏缝地板，每头仔猪占圈舍面积为0.3～0.5平方米。密度高，则有害气体氨气、硫化氢等的浓度过大，空气质量相对较差，猪就容易发生呼吸道疾病，因而保证空气质量是控制呼吸道疾病的关键。

4. 注意事项

（1）保温控制　冬季应正确运用保温设备，做好仔猪特别是刚断乳10天内的仔猪的保温。保温设备有多种形式：电加热预埋水管系统、地面预埋低温电热丝和250～300瓦红外线灯泡等，但均耗电量大、维修难度也大。如能采用沼气做成较理想的保温设备，利用沼气热能，通过热水循环，因地制宜地为仔猪设计出清洗方便、耐用、节能、恒温的保温板则更好。

（2）通风控制　氨气和硫化氢等污浊气体含量过高会使猪肺炎的发病率升高。通风是消除保育舍内有害气体含量和增加新鲜空气含量的有效措施。但过量的通风会使保育舍内的温度急骤下降，这对仔猪也不适合。生产中，保温和换气应采用较为灵活的调节方式，两者兼顾。高温则多换气，低温则先保温再换气。

（3）适宜的温湿度　保育舍环境温度对仔猪影响很大。据有关资料查证：寒冷气候情况下，仔猪肾上激素分泌量大幅上升，免疫力下降，生长滞缓，而且下痢和胃肠炎、肺炎等的发生率也随之增加。生产中，当保育舍温度低于20℃时，应给予适当升温。要使保育猪正常生长发育，必须创造一个良好、舒适的生活环境。保育猪舍温度为20～25℃。保育舍内要安装温度和湿度计，随时了解室内的温度和湿度。总之根据舍内的温、湿度及环境的状况，及时开启或关闭门窗及卷帘。

（4）疾病的预防

① 做好卫生。每天都要及时打扫高床上仔猪的粪便，冲走高床下的粪便。保育栏高床要保持干燥，不允许用水冲洗。湿冷的保育栏极易引起仔猪下痢。走道也尽量少用水冲洗，保持整个环境的干燥和卫生。如有潮湿，可洒些白灰。刚断乳的小猪高床下可减少冲粪便的次数，即使是夏天也要注意保持干燥。

② 消毒。在消毒前首先将圈舍彻底清扫干净，包括猪舍门口和猪舍内外走道等。所有猪和人经过的地方每天进行彻底清扫。消毒包括环境消毒和带猪消毒。要严格执行卫生消毒制度，平时猪舍门口的消毒池内放入火碱水，每周更换 2 次，冬天为了防止结冰冻结，可以使用干的生石灰进行消毒。转舍饲养的猪最好经过"缓冲间"消毒。带猪消毒可以用高锰酸钾、过氧乙酸、菌毒消或百毒杀等交替使用，于猪舍进行喷雾消毒，每周至少 1 次，发现疫情时每天 1 次。注意消毒前先将猪舍清扫干净，冬季趁天气晴朗暖和的时间进行消毒，防止给仔猪造成大的应激，同时消毒药要交替使用，以避免产生耐药性。

③ 保健。刚转到保育舍的小猪一般采食量较小，甚至一些小猪刚断乳时根本不采食，所以在饲料中加药保健达不到理想的效果。饮水投药则可以避免这些问题，而达到较好的效果。

④ 疫苗免疫与接种。各种疫苗的免疫注射是保育舍最重要的工作之一。注射过程中，一定要先固定好仔猪，然后在准确的部位注射，不同类的疫苗同时注射时要分左右两边注射，要保证注射疫苗的剂量达到要求；每栏仔猪要挂上现场管理卡，记录转栏日期、数量、日龄、注射疫苗情况等，现场管理卡随猪群移动而移动。此外，不同日龄的猪群不能随意调换，以防引起免疫工作

混乱。在保育舍内不要接种过多的疫苗，主要是接种猪瘟、猪伪狂犬以及口蹄疫疫苗等。对出现过敏反应的猪将其放在空圈内，防止其他仔猪挤压和踩踏，等过一段时间即可慢慢恢复过来，若出现严重过敏反应，则肌内注射肾上腺激素进行紧急抢救。

四、肥育猪的饲养管理技术

（一）生长育肥猪饲养

采用自由采食，充分发挥猪只生长潜力。根据当地饲料资源、生长肥育猪的营养需要和饲养标准科学搭配日粮。彻底改变那种有啥喂啥的传统方法，实行全价饲养。合理、科学调制饲料，提高饲料利用率。

（二）生长育肥猪的管理

1. 工作程序

（1）上午

①巡视猪群。

②检查温湿度状况、饮水器状况并调节至适宜。

③料槽及时添料、保证自由采食。

④观察猪群采食、治疗。

⑤环境卫生。

⑥添足饲料、巡视猪群，检查温湿度，并调节至适宜。

（2）下午

①巡视猪群。

②检查温湿度状况、饮水器状况并调节至适宜。

③料槽及时添料、保证自由采食。

④观察猪群采食、治疗。

⑤环境卫生。

⑥工作小结、填写报表。

⑦添足饲料、巡视猪群，检查温湿度，并调节至适宜。

2. 转群与调教

转群的过程中要有耐心，组织人员进行协调配合赶猪，避免对猪只的暴力行为，对合入群体的猪只可用香精、酒精、白酒或气味较大的消毒液等对猪体进行喷雾，夜间进行，可有效防止打架撕咬的情况出现。猪群转入育肥舍的最初几天，必须做好调教工作，每天清扫猪舍，定期清洗、消毒，经常保持猪舍干燥卫生。

3. 防病及驱虫

对于生长育肥猪而言疾病的发生几率已有所减少，但不能掉以轻心。应保持环境清洁卫生，注意对舍内气候的调节，加强对疾病的预防和控制。驱虫是生长育肥猪管理的重要措施，应认真对待。驱虫时间为：仔猪在 45 ~ 60 日龄时进行第一次驱虫，以后 2 ~ 3 个月驱一次。

4. 环境卫生

必须注意猪场绿化，及时清除粪污，保持猪舍通风良好，做好清洗、消毒工作。

5. 防暑降温

生长育肥猪的适宜环境温度为 16 ~ 23℃，前期为 20 ~ 23℃，后期为 16 ~ 20℃。在此范围内，猪的增重最快，饲料转化率最高。常说小猪怕冷大猪怕热。因此夏季要防止猪舍暴晒，保持通风，尽力做好防暑降温的工作。

(三)注意事项

1. 圈养密度和圈舍卫生

圈养密度越大，猪呼吸排出的水汽量越多，粪尿量越大，舍内湿度也越高；舍内有害气体、微生物数量增多，空气卫生状况恶化；猪的争斗次数明显增多，休息时间减少，从而影响猪的健康、增重和饲料利用率。降低圈养密度虽可提高猪的增重速度和饲料利用率，但圈养密度太小也是不经济的。另外，当圈养密度相同而每圈养猪头数不同时，肥育效果也不同。每圈头数越多，猪的增重越慢，饲料利用率越低。实践证明，15～60千克的肉猪每头所需面积为0.6～1.0平方米，60千克以上的肥育猪每头需0.9～1.2平方米，通常每圈头数以10～30头为宜。在我国的北方，由于平均气温低，气候较干燥，可适当增加饲养密度；在南方的夏季，由于气温较高，湿度大，则应适当降低饲养密度。

圈舍卫生状况对猪的生长、健康有一定影响。肉猪舍要清洁干燥、空气新鲜。应每天清除被污染的垫草和粪便，在猪躺卧的地方铺上干燥的垫草。要定期对猪舍进行消毒。

2. 舍内有害气体、尘埃与微生物

由于猪的呼吸、排泄以及排泄物的腐败分解，不仅使猪舍空气中的氧气减少，二氧化碳含量增加，而且产生了氨、硫化氢、甲烷等有害气体和臭味。高浓度的氨和硫化氢可引起猪的中毒，发生结膜炎、支气管炎和肺炎等。通常情况下，虽然达不到中毒程度，但对猪的健康和生产力有不良影响。舍内二氧化碳含量过高、氧气含量相对不足时，会使猪精神萎靡，食欲下降，增重缓慢。为此，猪舍中氨浓度的最高限度为26毫克/立方米，硫化氢含量以6.6毫克/立方米为限，二氧化碳应以0.15%为限，应改善猪舍通风换气条件，及时处理粪尿，保持适宜的圈养密度。尘埃可使猪的皮肤发痒以至发炎、破裂，对鼻腔黏膜有刺激作用；病原微生物附着在灰尘上易于存活，对猪的健康有直接影响。因此，必须注意猪场绿化，保持猪舍通风良好，做好清洗、消毒工作。

五、后备种猪的饲养管理技术

（一）后备母猪饲养管理

1. 工作日程

（1）上午

①巡视猪群。

②检查温湿度状况、饮水器状况并调节至适宜。

③清理料槽、投料喂饲。

④观察猪群采食、治疗。

⑤环境卫生。

⑥诱情、等其他工作。

⑦巡视猪群，检查温湿度，并调节至适宜。

（2）下午

①巡视猪群，检查温湿度，调节至适宜。

②清理料槽、投料喂饲。

③观察猪群采食、治疗。

④清理卫生、运动等其他工作。

⑤工作小结、填写报表。

⑥巡视猪群，检查温湿度，并调节至适宜。

2. 日常管理

（1）巡视 饲养员上班首先应当对全群进行巡视，看是否存在重大隐患或其他异常情况。应当随时注意对后备猪群的观察，保证对猪群情况的适时掌握，及早发现问题并加以解决。维持猪群的稳定。

（2）饲喂 后备猪的饲喂可以分为2个阶段及2种不同的饲喂方式。

① 自由采食。配种 2 个月之前的后备猪一般采用自由采食的方式。

② 限制饲喂。临配种前 2 个月至配种这一阶段，应根据不同猪只的体况进行饲喂，体况过肥的宜减少饲喂量，体况较差的增加饲喂量。

（3）环境卫生　每日的环境卫生清扫一般安排在喂料之后，保持栏舍的清洁干燥，温度适宜，空气新鲜。切忌潮湿和拥挤，防止各种体内外寄生虫病和皮肤病的发生。

（4）观察记录　做好日常的巡视和检查工作，观察猪只的采食情况、精神状况、粪便、休息情况、健康状况以及发情状况等，并做好相应的记录。对不发情和长期体弱的猪只进行及时处理。

3. 注意事项

（1）合理分群　后备猪的分群应按体重大小、强弱和健康状况等来确定，饲养密度适当。避免弱小猪只受到强势猪只的欺压以及疾病的传播从而影响正常发育。

（2）控制体况　体况控制是后备猪生产的一个重要环节，体况控制在 3～4 分最合适（按照 5 分制。图 4-2），不能过肥也不宜太瘦，避免给配种繁育带来困难。

（3）卫生防疫　定期的消毒，在猪群正常的情况下消毒频率可为 1 周 1 次，发生较严重的疾病的情况下可为 1 天 1 次。此外，对各种饲喂工具应至少半个月消毒 1 次。定期驱虫，每年春秋两季进行驱虫工作并在配种前 1 个月左右再次进行驱虫。接种疫苗，按照制定的免疫程序接种各种疫苗，并对免疫情况进行测定评估。

（4）运动　为强健体质，促使母猪发育和发情，可安排适当

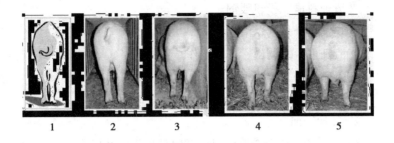

1　　2　　3　　4　　5

图 4 - 2　母猪体况评分标准（五分制）

运动。运动可在运动场内自由运动，也可放牧运动。

（5）诱导发情　为促进后备母猪发情，可定期将试情公猪赶往后备猪群，有意识地让公猪追逐、爬跨母猪，或者把母猪赶往公猪圈舍附近运动，都有利于后备母猪发育。

（6）适时初配　达到配种年龄，完成免疫注射后，后备母猪要及时配种。

（二）后备公猪饲养管理

1. 工作日程

（1）上午

①巡视猪群。

②检查温、湿度状况、饮水器状况并调节至适宜。

③清理料槽、投料喂饲。

④观察猪群采食、治疗。

⑤环境卫生。

⑥运动、刷试、其他工作。

⑦巡视猪群，检查温、湿度，并调节至适宜。

（2）下午

①巡视猪群，检查温、湿度，并调节至适宜。

②清理料槽、投料喂饲。

③观察猪群采食、治疗。

④清理卫生、调教、其他工作。

⑤工作小结、填写报表。

⑥巡视猪群，检查温、湿度，并调节至适宜。

2. 日常管理

（1）巡视　巡视全群状况，及时处理异常情况。

（2）饲喂　在生长前期可采用群养自由采食的方式饲喂，当体重超过 50 千克后或有明显爬跨行为时应单圈饲养，并限制饲喂，体况控制在不肥不瘦状况下。

（3）观察记录　在每次饲喂完毕后做好日常的检查工作，观察猪只的采食情况、精神状况、粪便、休息情况、健康状况及体况等，并做好相应的记录。同时对公猪的体况和发育情况进行评定，对有严重缺陷的猪只尽早进行淘汰。

（4）环境卫生　后备公猪生活环境应保持在清洁、干燥、空气新鲜、宽敞和舒适的条件下。

（5）运动　加强后备公猪运动，这样可促进食欲，增强体质，避免过肥，保证四肢健壮以利于以后配种需要。公猪的运动应每天坚持，除在运动场运动外，还可以进行驱赶运动。夏天可在早上或傍晚天气凉爽时进行，冬天则在中午进行。

（6）调教与刷拭　为培养后备公猪与饲养员间的亲和力，要与公猪接触并常给予刷拭。同时刷拭也有利于增强皮肤血液循环、减少寄生虫，增进健康。为让后备公猪熟悉配种过程，一般在 6~7 月龄开始对其进行调教，每周可采精 1~2 次。

3. 注意事项

（1）控制体况　后备公猪的体况，总的要求是"不肥不瘦"。

饲养后备公猪，必须注意其营养状况，使之常年保持健康结实，性欲旺盛。后备公猪过肥，性欲会减弱甚至无性欲，造成配种能力下降。这种情况多数是由于饲料单一，能量饲料过多，而蛋白质、矿物质和维生素饲料不足引起的。应及时减少能量饲料，增加蛋白质饲料和青绿多汁的饲料并加强运动。营养不良或配种过度会导致后备公猪过瘦，精液量减少，精液品质差。应及时调整饲料，加强营养，减少交配次数，使之恢复种用体质。

（2）卫生与防疫　定期对后备公猪进行体内和体外驱虫工作。一年春秋两季至少 2 次。至配种前所制定免疫程序应执行完毕。

（3）精液品质检查　后备公猪，在调教工作的同时应当对其精液进行品质检测，在检测 2～3 次后，精液质量依然很差的后备公猪应及时治疗或淘汰，也可作为试情公猪使用。

第二节　生产记录和档案管理

一、养殖档案的建立

（一）封皮的填写

1. 单位名称

填写养猪企业的注册名称。

2. 畜禽养殖代码

由上级畜牧行政主管部门按照相关要求验收合格后，统一编制。

3. 动物防疫合格证编号

由上级畜牧行政主管部门对防疫条件验收合格后，统一编制。

4. 畜禽养殖种类

根据养猪企业饲养种猪类别填写。

(二) 免疫程序

养猪场的免疫程序经审核合格后填写。

(三) 生产记录

圈舍多的养猪企业，每个圈舍占一页，不够的根据需要可加附页。

1. 圈舍号

填写猪饲养的圈、舍、栏的编号或名称，不分圈、舍、栏的此栏不填。

2. 变动日期

填写出生、调入、调出、死亡和淘汰的日期。

3. 调入情况

填写从外部（包括外圈、舍、栏）调入猪的数量，从场（小区）外调入的应在备注栏注明动物检疫合格证明编号，并将检疫证明原件粘贴在记录背面。

4. 调出去向

要能识别到具体的单位。死亡和淘汰：需要在备注栏注明死亡和淘汰的原因。

5. 存栏数

填写存栏总数，为上次存栏数 + 变动数量（出生 + 调入 − 调出 − 死亡 − 淘汰）之和。

（四）投入品购进记录

1. 投入品

投入品主要指饲料、兽药、疫苗和消毒剂等。

2. 规格

预混料、浓缩料是指在配合饲料中的添加比例。

3. 饲料添加剂、药物饲料添加剂、兽药、消毒剂

饲料添加剂、药物饲料添加剂、兽药、消毒剂一般是指主成分的含量浓度或效价单位。养猪场自加工的饲料在生产厂家栏填写自加工，在备注栏写明成分。购买投入品时，如果直接从生产企业购买，必须索要生产企业的《生产许可证》《营业执照》和质量认证证书及发票等；如果从销售商中购买，必须索要销售商《经营许可证》《营业执照》和质量认证证书及发票等。

（五）饲料、饲料添加剂和兽药使用记录

1. 养猪场自加工饲料

生产厂家栏填写自加工。

2. 在外购饲料或自加工饲料中添加使用了饲料药物添加剂

应写明饲料药物添加剂的通用名称、休药期和停止使用日期。

3. 停止使用日期、使用总量

待该批投入品全部使用完比或停止使用后填写。如果使用饲料不变品牌或型号，可只填写一次即可；如果中途改变生产企业或型号，改变时再填写。

（六）消毒记录

1. 消毒对象

填写圈舍、出入通道和附属设施等场所，也可以是人员、衣物、车辆和器具。

2. 消毒剂名称

填写消毒剂的通用名称。

3. 用药浓度

填写消毒剂的使用浓度（应参照消毒剂的使用说明，如1∶500或xx毫克/千克等）。

4. 消毒方法

填写熏蒸、喷洒、浸泡、紫外线照射和焚烧等。日常消毒原则上是一周2次。

（七）免疫记录

1. 免疫数量

填写同批次免疫的数量，单位为头。

2. 免疫方法

填写喷雾、饮水和注射部位等。

3. 备注

是记录本次免疫中未免疫动物的耳标号。填写本项记录时，原则上按照免疫程序填写，程序不合理时，可适当调整。

（八）预防用药和诊断记录

1. 猪标识编码

填写15位畜禽标识编码中的标识顺序号。

2. 用药名称

填写兽药的通用名称。

3. 休药期

按照兽药说明书标注或农业部文件规定填写。

4. 用药方法

填写口服、肌内注射和静脉注射等。

5. 诊疗结果

填写康复、淘汰或死亡。

6. 诊疗人员

送外诊断的填写做出诊疗结果的单位或执业兽医的姓名，本场兽医诊疗的要本人签字。对于死亡的猪要写出无害化处理记录。

（九）生产休药期内产品处理记录

1. 产品数量

活猪不填写此项。

2. 处理方式

活猪包括康复回群、向外销售、焚烧或掩埋等。当活猪不能够一次处理完毕时，每处理一次记录一次。

（十）防疫监测记录

1. 监测项目

填写具体的内容，如布氏杆菌病监测、口蹄疫免疫抗体监测等。

2. 监测单位

动物防疫检测部门监测的填写实施监测的单位名称，企业自行监测的填写自行监测，企业委托社会检测机构监测的填写受委托机构的名称。

3. 监测结果

填写阴性、阳性、抗体效价数等。

4. 处理情况

填写针对监测结果对猪采取的处理方法，针对抗体效价低于正常保护水平，可填写为对猪进行重新免疫。

5. 记录人

记录人为本场兽医。

(十一) 无害化处理记录

1. 处理对象

填写病死猪、胎衣、诊疗废物、粪便以及其他废弃物。

2. 处理数量

填写同批次处理的病死猪的数量，或处理的胎衣、诊疗废物、粪便及其他废弃物的重量。

3. 处理原因

填写病死猪的染疫、正常死亡或死因不明。

4. 处理方法

填写《畜禽病害肉尸及其产品无害化处理规程》GB16548 规定的无害化处理方法，如出售、焚烧或掩埋等。

5. 处理单位（或人员）

委托无害化处理场实施的填写处理单位名称，由本厂自行实施的由实施无害化处理的人员签字。第（八）中的"预防用药和诊断记录"有死亡或传染病的必须填写此项。

(十二) 产品销售记录

1. 猪日龄

适用于活猪。

2. 销售数量

每发生一次销售行为，记录一次。

(十三) 技术培训记录

每培训一次记录一次。技术培训的讲义或资料、考核试题、考核试卷及成绩单等资料可以与此表一起建档，也可以单独建档。

二、养殖档案的管理

养猪生产正向着规模化、集约化的方向发展。在 2008 年，我国规模化生猪养殖量占养殖比重的52%，比2007年提高7% ~ 8%。随着猪场规模的增大，养猪生产越来越趋于企业化。伴随而来的是风险越来越大，有市场风险、疾病风险，除此之外，就是经营管理带来的风险。

经营管理，从某种意义上来说就是数字管理。没有完善的生产记录，就会出现生产管理不到位，监管无法落实，造成错误决策和资源浪费，降低企业效益。做好生产过程中的各种记录，就是向经营管理要效益。部分猪场不重视生产记录，管理人员对猪场的整体情况缺乏了解，决策没有依据，导致整个猪场的工作流程处于一种无序的状态。此外，由于在种猪系谱、档案的管理方面出现混乱，导致种猪群系谱不清，档案漏记，这样就没法保证种猪的质量。该淘汰的猪而没有淘汰，浪费了饲料，增加了成本。这样的猪场，很难取得好的效益，更无法将猪场做大做强。

(一) 做好生产记录的必要性

1. 经营管理的要求

规模猪场的经营管理是指以实现猪的经济效益为目的，对猪场经营活动，如采购、销售、生产规模、年度计划和人员控制等进行有效管理，以及猪场经营者利用多种经营方法，为实现经营目的所开展的工作。经营管理与生产管理有所不同，但又是紧密地结合在一起的。

生产记录勾画出有关生产日常活动的总体情况，在场内生产记录提供生产参数的信息。这些记录形成猪场内部管理的基础，在管理职能中是最重要的。通过各种完善的生产记录，汇总成生产报表，使管理层可以及时了解猪场生产经营中的各种状况，从而根据分析结果作出决策，例如对成本进行分析，可以找到降低成本的方法。对各种生产指标进行分析比较，可以建立起科学的考核方法，充分调动员工的积极性，提高劳动生产效率。各种记录的完善可以使猪场实行信息化管理，全面提升猪场的管理水平，使各项决策均有据可依。

完善的生产记录也是猪场信息化管理所必须的。信息技术目前已应用到养猪生产的各个方面，包括猪的育种、饲料配方设计、信息管理、猪病诊断与销售等。通过加强猪场的信息化建设，不仅可以提高猪场的管理水平、减少管理费用，还可以实现集团化猪场间的资源共享。

2. 育种工作的要求

育种工作是养猪企业的核心竞争力的关键。猪的育种工作是一项庞大的系统工程，其根本目的是要使猪群的重要性状得到遗传改良和生产都获得最佳的经济效益。要实现育种的目标，就要了解猪生产力的一些性状。例如，窝产仔数是排卵数量、受胎率和胎儿存活率的综合结果。因此，做好有关的记录是非常重要的。

对种猪的测定是为了创造相对标准的、统一的、长期稳定的环境条件，使供测种猪能充分发挥其遗传潜力，对其性能作出公正的评价，为养猪生产者选购种猪、育种工作者选择优良种猪提供可靠的依据和指导。

通过分析种猪的生产记录，能够了解整个猪群结构的总体情况。掌握每头种猪的生产性能，控制母猪群年龄结构、避免老龄母猪或小母猪过多等结构失调的情况，使猪场能够可持续发展；及时淘汰生产性能差的母猪，如每胎产仔少（8头以下），产死胎弱仔多，产后泌乳性能不好、母性差，患有严重子宫内膜炎返情、屡配不孕等。对公猪的生产性能进行评估，及时淘汰性能差的公猪，补充新公猪。

3. 疫病管理的要求

使猪场疾病控制有延续性，从过往病历中能做到有经验可借鉴，有方案可参考，否则每一次发病都感觉束手无策，很盲目。通过对过往疾病的记录，了解猪场内每次疫情发生的时间、原因，当时发病的猪群、发病症状，怀疑是什么病、是否有确诊结果。当时采取的措施和取得的效果，从中可以获得很好的经验教训。同时使对全场猪群的保健更有依据，在疾病易发时间段前作好预防工作。

通过详细的免疫记录可以使猪群免疫计划更完善，详细记录好猪群的免疫情况并定期检查，有效的避免母猪漏打疫苗的情况。特别是那些实行跟胎免疫的疫苗，由于某些母猪因特殊情况，一年只产了一胎，那么就只进行了一次的免疫接种，这样，其抗体水平不能得到有效的保证。很可能就会成为传染源，造成一场疾病的暴发。

(二) 生产记录的内容

1. 种猪的档案

(1) 公猪的档案　配种情况，采精记录，精液情况，包括外观、采精量、活力、密度、呈直线运动精子数、精子畸形率等。由配种舍负责人记录。

(2) 母猪的档案　配种记录，包括发情日期、配种日期、与配公猪、返情日期、预产期等。由配种舍负责人记录。

(3) 测定数据　留种的公猪和母猪应在不同阶段（可在 30 千克、50 千克和 100 千克 3 个阶段）进行测定，作为育种工作的依据。测定内容包括体重、耗料、活体背膘厚等数据，从而计算出日增重、日采食量和料重比等指标。由育种人员负责测定记录。

（4）产仔记录　包括产仔日期、产仔总数、正常仔数、畸形、弱仔和木乃伊头数，初生重等。每头仔猪出生后做好编号，输入档案，形成猪的系谱。由产房负责人或产房专门编号员记录。

2. 疾病记录

（1）病原的记录　记录本场存在哪些病原，即以往猪场内发生过什么疫病，该疫病病原是什么，根据其特点现在是否还有可能存在于猪场内，其一般感染何种猪群、感染的时间，该病原的抗药性、有何预防药物。由兽医室负责人记录。

（2）用药记录管理　记录好本场常用哪些药物，每种药物用药剂量，每次使用效果如何，是否做过药敏试验。由兽医室负责人记录。

（3）种猪的疾病管理

① 建立种猪的健康档案，记录其每次发病、治疗、康复情况，并对康复后公猪的使用价值进行评估。由兽医室负责人记录。

② 记录种猪的免疫接种情况，每年接种的疫苗种类、生产厂家、接种时间、当时的免疫反应及抗体监测时的抗体水平。由兽医室负责人记录。

③ 记录母猪是否发生过传染病，是否有过流产、死胎、早产，是否有过子宫内膜炎，是否出现过产后不发情或屡配不孕及处理的情况记录。由配种舍负责人记录。

3. 猪群动态记录

记录各猪舍的猪群变动情况，包括出生、入栏、出栏、淘汰、出售和死亡等情况。由各猪舍饲养员负责记录。

4. 配料记录

配料记录包括饲料品种、配料计划、配料日期、数量、投药情况、出仓记录等。由配料车间负责人记录。

5. 生产报表

各生产线、各猪群的变动情况，包括存栏、入栏、出栏、淘汰、出售和死亡等情况。母猪舍还包括产仔胎数、头数、仔猪情况等。由各生产线负责人或各猪舍小组长负责统计。每周、每月、每季、每年都要进行一次全面的统计。

(三) 生产记录分析处理的方法

可设一个专职信息管理员，负责制订各种生产登记表格，由管理员对所有的生产记录进行收集、整理，并进行核对。根据书面材料建立电子档案以方便保存和查阅。并且按时进行统计及提供有关的报表给猪场管理层和具体的负责人员。

选择较好的猪场管理软件，将生产记录中的数据录入，对猪场的种猪生产成绩、生产转群、饲料消耗、兽医防疫和购销情况等工作进行全面的分析。从而安排好猪场的日常工作计划、育种工作和配种计划，提高猪场的工作效率。

三、档案管理过程中易出现的问题及应对措施

随着养猪业的快速发展，养殖档案成为一个必要的记录程序，并且《中华人民共和国畜牧法》和农业部 2006 年第 67 号令《畜禽标识和养殖档案管理办法》中都明确规定了畜禽养殖场应当建立档案。相关部门也印刷出了养殖档案的完整系统文件，由此养殖档案的存在具有重大意义，但是在执行这些法令的过程中是否存在一些问题的，须提出相应的解决对策。

（一）存在问题

①建档立卷时内容填写不规范、缺乏完整性。养殖档案的建立之初，内容没有含概全面，造成原位缺乏，或要求了原始记录内容，具体责任人没有填写或填写不全面导致档案不完整。

②原始记录资料归档后借阅未完善手续，导致档案无法按时归档。

③政府相关部门监管不到位，监管机制不完整。尽管国家已经在《中华人民共和国畜牧法》第六十六条中规定："违反本法第四十一条规定，畜禽养殖场未建立养殖档案的，或者未按照规定保存养殖档案的，由县级以上人民政府畜牧兽医行政主管部门责令限期改正，可以处一万元以下罚款。"然而落实到实际工作中时。在行政人员编制及畜牧兽医行政主管部门人员的限制下，几乎不可能做到对整个地区的养殖场进行监督管理，以及做出相应的处罚。

④对养殖档案的考核机制不科学，造成养殖档案形同虚设，忽视了养殖档案的主体是养殖户。这样就养成了平时基本不记录养殖档案的坏习惯。

⑤养殖场的人员稳定性差，人员流动时未完善记录资料的交接，导致原始记录资料的缺失。

（二）对策措施

①将原始记录资料的真实性、完整性作为各级管理人员的考核内容之一。由相应的管理人员定期抽查填写过程的真实性、完整性，以此保证档案的健全性。

②原始记录资料一旦归档，所有人员借阅必须在登记册上签字，并要求限期归还，在规定期限不能按时归还的，应完善续借手续，以杜绝时间久而遗忘、遗失，并对档案管理员的工作情况

进行定期抽查，落实档案规范管理。

③加大宣传力度，提高养殖户建立养殖档案的思想意识，让他们越来越多地了解养殖档案的重要性和必要性。

④政府出台措施，财政扶持和推动其发展　政府应该由财政拨款印制档案，让养猪场免费使用，并且聘请专业人员系统地对养殖人员针对档案的建立进行培训。要求养猪场在领取新档案的时候需要提供旧的档案，这样可以起到监督的作用，也起到了推广的作用。畜牧行政主管部门要不定期进入养猪场进行督促，抽查养猪场的养殖档案是否填写规范，考核填写内容是否属实。

⑤人员流动时移交清单上先完善相应的原始记录资料的交接手续，才允许离场，保证原始记录资料的完整性。

第五章

繁殖配种

第一节　公猪的生殖系统构造

公猪的生殖系统主要由睾丸、附睾、输精管、副性腺、阴茎和包皮等组成（图5－1），它们在公猪机体中主要行使激素的合成、分泌，精子的发生、输送等跟公猪繁殖性能紧密相关的生理功能。

一、睾丸

（一）睾丸的形状和结构

如图5－2所示，公猪的睾丸成对位于肛门下方的阴囊内，呈长卵圆形，其长轴倾斜，前高后低。有些成年公猪一侧或两侧睾丸并未下降至阴囊内，称为隐睾。隐睾的内分泌机能虽未受损害，但精子发生过程出现异常。这样的公猪通常表现出有性欲，但无生殖能力。

（二）睾丸的功能

1. 产生精子

精子是由曲细精管的生殖上皮中的精原细胞所生成。猪每克睾丸组织每天能产生精子2 400万～3 100万个。

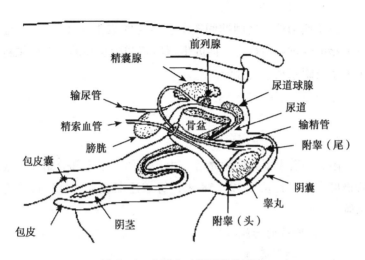

图 5 - 1 公猪生殖器官结构图

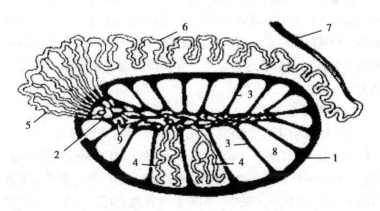

图 5 - 2 睾丸结构模式图

1. 白膜 2. 睾丸纵隔 3. 睾丸小梁 4. 曲细精管 5. 输出管 6. 附睾管
7. 输精管 8. 睾丸小叶 9. 睾丸网

2. 分泌雄激素

位于曲细精管之间的间质细胞分泌的雄激素（睾酮），能激发公猪的性欲和性行为，促进生殖器官和副性腺的发育，维持精子发生及附睾精子的存活。

二、附睾

（一）附睾的组织构造

附睾附着于睾丸的附着缘，由头、体、尾 3 部分组成。附睾管极度弯曲，其长度 12 ~ 18 米，管道逐渐变大，最后过渡为输精管。

（二）附睾的功能

1. 促进精子成熟

附睾是精子成熟的最后场所，睾丸曲细精管生产的精子，刚进入附睾头时形态上尚未发育完全，颈部常有原生质小滴，活动微弱，受精能力很低。精子通过附睾管的过程中，原生质小滴向尾部末端移行，精子逐渐成熟，并获得向前直线运动以及受精能力。

2. 贮存精子

由于附睾管上皮的分泌作用和附睾中的弱酸环境（pH 值 6.2 ~ 6.8）、高渗透压（400mosm）、较低的温度和厌氧的环境，使精子代谢维持在一个较低的水平。在附睾内贮存的精子数通常情况下为 2 000 亿个，其中，70% 贮存在附睾尾。在附睾内贮存的精子，60 天内具有受精能力。如贮存过久，则活力降低，畸形及死精子增加，最后死亡被吸收。

3. 吸收和分泌作用

附睾头和附睾体的上皮细胞具有吸收功能。刚进入附睾头部的精液中含有大量的睾丸网液，精子在精液中所占比例仅为1%。经上皮细胞吸收后，附睾尾部精液中的精子比例可达40%，浓度大大升高。此外，附睾还能分泌许多睾丸网液中不存在的有机化合物，如甘油磷酰胆碱等，对维持精液渗透压、保护精子及促进精子成熟有重要的作用。

4. 运输作用

附睾主要通过管壁平滑肌的收缩以及上皮细胞纤毛的摆动，将来自睾丸输出管的精子悬液从附睾头运送至附睾尾。

三、输精管

输精管是一条壁很厚的管道，主要功能是输送精子。管壁具有发达的平滑肌纤维，厚而口径小，射精时凭借其强有力的收缩作用将精子排出。

四、副性腺

副性腺包括精囊腺、前列腺和尿道球腺。射精时，它们的分泌物与输精管壶腹的分泌物混合形成精清，与来自输精管的精子共同组成精液。

五、尿生殖道

尿生殖道为尿液和精液的共同通道，起源于膀胱，终止于龟头，由骨盆部和阴茎部组成。管腔在平时皱缩，射精和排尿时扩张。

六、阴茎和包皮

阴茎是公畜的交配器官。分阴茎根、阴茎体和阴茎头3部分。猪的阴茎较细，在阴囊前形成"S"状弯曲，龟头呈螺旋状，并有一浅沟。阴茎勃起时，此弯曲即伸直。

包皮是由皮肤凹陷而发育成的皮肤褶。在不勃起时，阴茎头位于包皮腔内。猪的包皮腔很长，有一憩室，内有异味的液体和包皮垢，采精前一定要先排出公猪包皮内的积尿，并对包皮部进行彻底地清洁。

第二节　母猪的生殖系统构造

母猪的生殖系统主要由卵巢、输卵管、子宫、阴道等组成（图5-3）。在母猪的机体内主要行使卵子的发生、运输、受精及妊娠和激素的合成与分泌等与母猪繁殖性能紧密相关的生理机能。

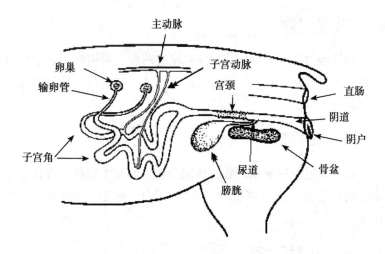

图5-3　母猪生殖器官结构图

一、卵巢

(一) 卵巢的形状和结构

卵巢的位置、形态、结构、体积等随母猪的年龄和胎次不同有很大变化。初生小母猪卵巢形状似肾脏，色红，一般左侧稍大。接近初情期时，卵巢体积逐渐增大，其表面有许多突出的小卵泡，形似桑椹。初情期后，母猪开始周期性发情，发情周期中的不同时间卵巢上出现卵泡、红体或黄体，突出于卵巢的表面，此时卵巢形状近似一颗葡萄。

猪的卵巢组织分为皮质部和髓质部，两者的基质都是结缔组织。皮质内发育着卵泡、红体和黄体，它们的形态结构因发育阶段的不同而有很大的变化。髓质内含有许多细小的血管和神经。

(二) 卵巢的功能

1. 卵泡发育和排卵

卵巢皮质部有许多原始卵泡，它们是在母猪胎儿时期就形成的。原始卵泡是由一个卵母细胞和周围一单层卵泡细胞构成。原始卵泡开始经初级卵泡发育为次级卵泡，再继续发育为三级卵泡，最后发育为成熟卵泡。能发育到成熟阶段卵泡只占原始卵泡的极少部分，因此，未成熟的卵泡会退化为闭锁卵泡。通常一个卵泡中只有一个卵母细胞。在发情前夕，卵泡迅速增大，卵泡液增多，卵泡壁变薄，最终排出卵母细胞。卵母细胞排出后，会在卵泡原来的位置形成黄体。

2. 分泌雌激素和孕酮

在卵泡发育过程中，卵泡内膜和卵泡细胞可分泌雌激素。雌激素主要是促进雌性生殖管道及乳腺腺管的发育，促进第二性征的形成，与黄体细胞分泌的孕激素协同影响母猪发情行为的表现。同时维持妊娠，并促进雌性生殖管道的发育和成熟。

此外，卵巢还可以分泌松弛素和卵巢抑素。松弛素的主要作用是松弛产道以及有关的肌肉和韧带。卵巢抑素主要是通过对下丘脑的负反馈作用，来调节性腺激素在体内的平衡作用。

二、输卵管

(一) 输卵管的形态和结构

输卵管位于输卵管系膜内，长 15～30 厘米，有许多弯曲，它可分为漏斗部、壶腹部和峡部 3 个部分，是精卵结合和受精卵进入子宫的必经通道。输卵管的卵巢端扩大呈漏斗状，漏斗边缘有很多皱摺叫输卵管伞，伞的前部附着在卵巢上。靠近卵巢端的 1/3 处较粗，称为输卵管壶腹，卵子受精的地方。输卵管的其余部分较细叫峡部。在壶腹部和峡部的连接叫做壶峡连接部。

(二) 输卵管的功能

1. 承受并运送卵子

卵子从卵巢排出后，先被输卵管伞接住，再由伞部的纤毛细胞将其运输到漏斗和壶腹部。

2. 精子获能、受精以及卵裂的场所

精子在输卵管内获得能量，并在壶峡部与卵子相结合成为受精卵，受精卵在纤毛的颤动和管壁收缩的作用下移行到子宫。

3. 分泌输卵管液

输卵管液的主要成分为黏蛋白和黏多糖，它既是精子和卵子的运载液体，又是受精卵的营养液。在不同生理阶段，输卵管液的分泌量有很大变化，如在发情 24 小时内可分泌 5～6 毫升输卵管液，在不发情时仅分泌 1～3 毫升。

三、子宫

(一) 子宫的形态和结构

猪的子宫是双角型子宫，由子宫角（左右 2 个）、子宫体和子宫颈 3 部分组成。子宫颈长达 10~18 厘米，前后两端较小，中间较大，其内壁呈半月形突起，突起之间形成一个弯曲的通道。此通道恰好与公猪的阴茎前端螺旋状扭曲相适应。猪没有子宫颈的阴道部，当母猪发情时子宫颈口开放，精液可以直接射入母猪的子宫内。因此，猪被称为子宫射精型动物。

(二) 子宫的功能

1. 精子进入及胎儿娩出的通道

经交配或人工授精后，子宫肌纤维有节律地、有力地收缩，促进精子向子宫角和输卵管游动；分娩时，胎儿则因子宫启动强力阵缩才能排出。

2. 提供精子获能条件及胎儿生长发育的营养与环境

子宫内膜的分泌物、渗出物，或内膜对糖、脂肪及蛋白质进行代谢产生的代谢物均可为精子获能提供环境，也可为胎儿发育提供营养需要。

3. 调控母猪发情周期

子宫能分泌前列腺素 $PGF2\alpha$，对同侧卵巢的发情周期黄体有溶解作用，对卵泡的生长发育起作用，继而表现发情等一系列行为。

4. 子宫颈是子宫的门户

一般情况下，为防止异物侵入子宫腔，子宫颈处于关闭状态。发情时子宫颈略微开张，并分泌黏液作为润滑剂，为交配和精子的进入作准备。妊娠后，在孕酮的作用下，子宫颈管分泌胶质，堵住子宫颈口，阻止病原微生物的侵入，保护胎儿的正常发育。临分娩时，子宫颈管内的胶质溶解，子宫颈管松弛，为胎儿娩出作好准备。

四、阴道和外生殖器官

(一) 阴道
长约 10 厘米，是母猪的交配器官和产道。

(二) 尿生殖道前庭
为阴瓣至阴门裂的一段短管，长度为 5~8 厘米，是生殖道和尿道共同的管道，其前端底部中线上有尿道外口。

(三) 阴唇
构成阴门的两个侧壁，中间的裂缝称为阴门裂，阴门外为皮肤，内为黏膜，中间由括约肌与结缔组织组成。阴唇的上下两个端部分别相连，构成阴门的上角和下角。

(四) 阴蒂
阴门下角含球形凸起物，主要由海绵组织构成，阴蒂头相当于阴茎的龟头，其见于阴门下角内。

第三节 繁殖配种操作规程

一、公猪繁殖配种

(一) 初配时间
公猪达性成熟的时间通常是 6~8 月龄，地方品种较早为 3~4 月龄。刚达到性成熟的公猪最好不要配种。配种过早不仅受胎率和产仔数较低，而且缩短公猪的使用年限。引入品种的公猪性成熟和初次配种/采精时间均晚于地方品种猪，通常外种公猪初次配种/采精的时间在 8 月龄以上，体重 100 千克以上为宜。

（二）使用频率

调教成功后的公猪采精/配种频率一般为 12 月龄以下 1 次/周，12～18 月龄 2 次/周，18 月龄 2～3 次/周。

（三）使用年限

一头种公猪在其整个种用年限内，大致分为 3 个阶段：1～2 岁为青年阶段，这时期猪体正处在继续生长发育阶段，不宜频繁配种，每周以配种 1～2 次为宜；2～4 岁为青壮年阶段，这时期猪体已基本发育健全，生殖机能较为旺盛，在营养较好的情况下，一周可采精配种 2～3 次；5 岁以后的公猪为老年阶段，这时期猪体由于体质渐衰，建议淘汰。种猪场如果考虑遗传进展，公猪使用年限在 1～2 年；扩繁场种公猪使用年限一般不超过 4 年。

二、公猪调教

（一）年龄

公猪性成熟后即可开始调教，由于各个品种不同，性成熟的年龄差异较大。外来品种 7～8 月龄性成熟，8～9 月龄开始调教训练。国内品种 4～6 月龄性成熟，7～8 月龄开始训练采精。

（二）方法

1. 观摩法

将小公猪赶至待采精栏或配种栏外，让其旁观成年公猪采精或与母猪交配，激发小公猪性冲动，经旁观 2～3 次大公猪和母猪交配后，再让其试爬假台畜进行试采。

2. 发情母猪引诱法

选择发情旺盛、发情明显的经产母猪，让受训公猪爬跨，待公猪阴茎伸出后用手握住螺旋阴茎头，有节奏地刺激阴茎螺旋体部可试采精液。

3. 外激素或类外激素喷洒假母台畜

用发情母猪的尿液，大公猪的精液，包皮冲洗液喷涂在假母台背部和后躯，引诱新公猪接近假母台，让其爬跨假母台。

在调教公猪时，应注意防止其他公猪的干扰，以免发生咬架事件。一旦训练成功后，应连续几天每天采精一次，以巩固其已建立的条件反射。

三、采精前的准备

(一) 实验室的准备

打开空调并设置为25℃、打开恒温载物台并设置为37℃、将恒温水浴锅设置为35℃。

1. 采精器具

准备好采精杯、采精袋、一次性采精手套、滤纸等器具。要求将采精杯放入38℃恒温箱中预热。

2. 精液稀释液

使用双蒸水或超纯水充分溶解稀释粉。由于商品稀释粉中含有较多的难溶成分，建议使用磁力搅拌器促其充分溶解。采精前先将稀释液放入35℃水浴锅中预热备用。

3. 精液品质检查设备

显微镜、电子秤、量筒、载玻片、盖玻片、温度计、血细胞计数板、微量移液器等。

（二）采精室的准备

将空调打开并设置为25℃。

四、采精程序

将准备好的采精杯等采精器具放入手提式保温箱，再将保温箱放入设置在实验室和采精室之间的传递窗中，将公猪赶入采精室，从传递窗中取出手提式保温箱，带上双层一次性手套，待公猪爬上假母台后，挤出包皮中的尿液。用0.1%高锰酸钾溶液或清水清洗公猪腹部以及包皮附近区域，再用纸巾擦净尿液及污物。用手轻轻按摩包皮腔及阴茎部，当阴茎伸出时，脱去外层手套，用手指或手掌轻轻触摸阴茎前部，并逐渐加强刺激。当阴茎伸出较长时，手掌呈锥形的空拳状，用手握住阴茎的螺旋部位，并用拇指、食指和中指锁定龟头，拇指一侧较紧，小指一侧较松。手握松紧度掌握在不滑脱为主，以防造成公猪不适而从假母猪上退下。然后顺其向前拉，将阴茎的"S"状弯曲尽可能地拉直，并轻轻加以松紧刺激，公猪即可安静下来并开始射精。可将其阴茎向斜上方拉，并使龟头向下，这样有利于防止包皮腔中的残存积液顺着阴茎流到集精杯。在采精过程中，应保持手干净、无污染，注意收集浓稠部分的精液，弃掉稀薄和含胶状物多的部分。

当公猪开始环顾四周时，说明公猪射精即将结束，可略松开龟头，以观察公猪反应。如果阴茎又开始转动，说明射精没有结束，应立即锁定龟头；如果阴茎软缩，说明射精结束，采精员站于公猪侧面，继续观察公猪的行为表现，待其爬下假母台，则结束采精。采精后，小心地将集精杯迅速放入手提式保温箱，将保温箱从传递窗口送入实验室检测，再将公猪赶回圈内。

五、精液品质检查

（一）原精

通常将未经稀释的精液称为原精。

1. 精液的外观检查

（1）精液量　公猪射精量常因品种、年龄、个体、营养水平、季节和采精间隔时间的不同而异。通常情况下公猪的射精量为100～400毫升，可用带刻度的集精杯采精后直接观察，也可用电子天平称量。

（2）精液颜色　正常的精液为乳白色或灰白色，颜色越浓厚，单位体积内精子数越；颜色越淡薄，单位体积内精子数少。精液中混入尿液，则稍带黄色；混入鲜血，略带红色；如有浓汁，则为黄绿色。

（3）气味　洁净的精液略带腥味，被包皮积液及尿液污染的精液则有明显的腥臭味。

2. 活力检查

活力是指呈直线前进运动的精子数在总精子数中所占的百分比。先取一干净的载玻片置于37℃的恒温载物台上预热3分钟，再滴一滴精液（15～20微升）于该载玻片上，盖上盖玻片，在200～400倍显微镜下观察不同层次精子的运动情况，估计呈直线运动精子的比例。在显微镜下观察一个视野内的精子运动，若全部直线前进运动，则为100%；有90%的精子呈直线前进运动则活力为90%；有80%的呈直线前进运动，则活力为80%，依此类推。原精的精子活力高于70%方能用于稀释，稀释后保存的精液，输精前活力不得低于60%，否则应弃去不用。

3. 密度检查

（1）估测法　根据精子之间的距离，大致将精液中精子密度分为稀薄、中等、稠密3个等级。两精子间的距离大于1个精子头的长度，判定为稀薄；等于1个精子头长度，判定为中等；小于1个精子头的长度，判定为稠密。这种方法主观性强，误差较大，只能进行粗略估计。

（2）分光光度法　由于精子对光的通透性较差，利用这个性质可以借助分光光度计，根据事先准备好的标准曲线确定精子的密度。目前市售的不同档次的精子密度仪基本都是基于此原理开发的。精子密度仪检测精子密度所需时间短，重复性好，是人工授精中测定精子密度比较适用的方法。

（3）血细胞计数法　该方法最准确，但速度太慢，生产实践中主要用于校正精子密度仪的读数。该方法具体操作步骤如下。

① （以稀释50倍为例）微量移液器取0.3% NaCl 0.98毫升，再取具有代表性原精20微升加入其中混匀。

② 在血球计数板上用血盖片（专用于此计数板的盖玻片）将计数室盖好，用微量移液器取适量稀释精液，沿血盖片的边缘缓慢注入精液。注意，精液要自行流入，并均匀充满整个计数室，不允许有气泡或精液溢出计数室的情况发生，若出现以上情况，则须洗净血球计数板和血盖片，烘干后重新制样。

③ 在400显微镜下计数血球计数板的四角和中间的5个中方格内的精子总数，然后按下述方法计算得到精子密度（个/毫升）。

a. 每毫升原精中的精子数 =5个中方格中的精子数（A）×5（即25个中方格的总精子数）×10（1立方毫米内的精子数）×1 000（每毫升精液的精子数）×50（精液稀释倍数）

上式可简化为：1毫升原精的精子个数 = A×250万

b. 每样品观察上下两个计数室，取平均值，如二个计数室计数结果误差超过5%，则应重新检测。

4. 畸形率检查

（1）精子形态的分类

精子形态的分类见图5-4。

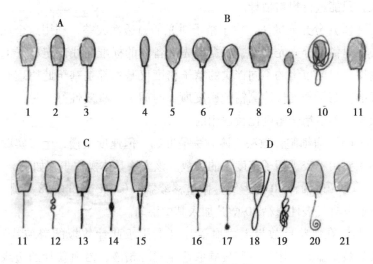

图5-4　精子形态分类

图5-4中A为正常精子：1~3；B为头部畸形：4是窄头，5是头基部狭窄，6是梨形头，7是圆形头，8是巨头，9是小头，10是发育不全；C为中段畸形：11是偏轴，12是螺旋状中段，13是中段鞘膜脱落，14是假原生质滴，15是双中段；D为尾部畸形：16是近端原生质滴，17是远端原生质滴，18是单卷尾，19是尾多重卷曲，20是环形卷曲，21是无尾的头

（2）畸形率的测定方法

① 抹片。取一滴原精滴于载玻片的一端，另取一边缘光滑的载玻片与有样品的载玻片呈35°夹角，缓慢地拖动精液，将其均匀涂布于载玻片上，待其自然风干。每份精液制作2张抹片。

② 固定。将风干的抹片浸泡于中性福尔马林固定液中固定 15 分钟，用水冲洗，吹干或自然风干。

③ 染色。将固定并风干的抹片反扣在带有平槽的染色板上，将姬姆萨染液滴于凹槽和抹片之间，使之充满平槽并与抹片充分接触。染色 1.5 小时后用水冲去染液，凉干待检。

④ 镜检。将染好色的抹片在显微镜（200～400 倍）下观察，每个抹片观察 200 个以上的精子（分左、中、右 3 个区），计数畸形精子。2 个抹片畸形率的差值不大于 6，为检测合格，若超过应重新制片检查。畸形率计算公式如下：

畸形率（%）＝畸形精子数／计数总精子数×100

六、常温精液

通常将稀释后常温保存的精液称为常温精液。

检测内容

1. 外观

乳白色，无杂质，封口严密，标签标注信息完备。

2. 剂量

地方品种 40～50 毫升，其他 80～100 毫升。

检测方法：将 1 剂（瓶/袋）精液全部倒入量筒内，准确读取其精液量。

3. 精子活力

精子活力≥60%。检测方法：取常温精液轻轻摇动均匀，分别用滴管/微量移液器取精液约 25 微升于预热好的载玻片上并加盖玻片，在 37℃条件下，用显微镜（200～400 倍）观察活力。每样片观察 3 个视野，并观察不同液层内的精子运动状态，进行全面评定。

4. 每剂量中呈直线前进运动精子数

地方品种≥10 亿，其他≥25 亿。采用血球计数板检测常温保存精液的密度，检测方法同原精密度。由于常温保存精液为稀释后精液，因此稀释倍数需低于原精。常用的稀释倍数为 20 倍稀释，即取精液 50 微升加入 0.95 毫升 0.3%的 NaCl 溶液中混合均匀，再制样计数。

每剂量中精子数 = 5 个中方格中的精子数（A）×5×10×1 000×20×剂量值。每样品观察上下 2 个计数室，取平均值，如 2 个计数室计数结果误差超过 5%，则应重检。每剂量精液中呈直线前进运动的总精子数：$c = s \times m$（c——每剂精液中呈直线前进运动精子个数，s——每剂精液中的总精子个数，m——活力）。

5. 精子畸形率

精子畸形率≤20%。与原精畸形率的测定方法相同。

6. 有效期

有效期≥72 小时。精液稀释后保存至 72 小时，活力不低于 60%。

七、母猪繁殖配种

（一）初配

一般认为，我国地方品种初配年龄为 6~8 月龄，体重 50 千克以上；外来或培育品种初配年龄应在 8~10 月龄，体重 100 千克以上且发情 3 次以上开始配种利用。

（二）使用年限

母猪的生产性能随年龄而变化，青年时（1~2 胎）繁殖能力较低，成年时（3~6 胎）最旺盛，老年（8 胎以上）又逐渐衰退。为了保证繁殖母猪的均衡生产和保持较高的生产水平，须对猪群进行适时更新。实践证明，种猪利用 4 年后，生产性能明显下降的，应及时淘汰；个别生产性能优秀的母猪可适当延长使用年限，并不断培养后备猪来加以替换。

（三）发情观察

1. 观察时间

后备母猪是在第 2 次发情后 18 天开始用公猪试情，并观察母猪的发情表现。断奶母猪一般是在断奶后 3 天开始用公猪试情，并观察母猪的发情表现。

2. 发情症状

母猪发情的外部特征主要表现在行为和阴部的变化上，一个发情周期包括以下几个时期。

（1）发情前期　发情开始时，母猪表现不安，食欲减退，阴户红肿，流出黏液，这时不接受公猪爬跨。

（2）发情期　随着时间的推移，母猪食欲显著下降，甚至不吃，在圈内来回走动，时起时卧，爬墙、拱地、跳栏，允许公猪接近和爬跨。用手按其背部，静立不动。几头母猪同栏时，发情母猪会爬跨其他母猪。阴唇黏膜呈紫红色，黏液多而浓。

（3）发情后期　此时母猪变得安静，喜欢躺卧，阴户肿胀减退，拒绝公猪爬跨，食欲逐渐恢复正常。

八、适时配种

（一）配种时间

母猪排卵一般发生在静立反射开始后 24～48 小时，排卵高峰在发情后 36 小时左右，母猪排卵持续 4～6 小时。卵子在排卵后 1 小时内会到达输卵管的壶腹部，并且在 8～12 小时保持受精能力。精子在输精或配种后需要在母猪生殖道内运行 6～8 个小时到达输卵管壶腹部，经历获能过程，并在 12 ~ 24 小时保持受精能力。

因此，配种时间应选择在母猪排卵前 8 ~ 10 小时进行。生产实践中，通常应在发情母猪出现静立反射后 8 ~ 12 小时后进行第 1 次配种，再过 8 ~ 12 小时进行第 2 次配种，根据母猪发情征兆，还可以进行第 3 次配种。

在实际操作中由于发情时间与胎次以及断奶至发情间隔有关，在生产实践中应视不同母猪的实际情况综合考虑。

（二）配种方式和次数

配种方式一般分为：自然交配（本交）和人工授精。无论采取那种配种方式，每个情期至少应该保证 2 次以上输精，才能保证配种效果。

（三）输精操作

1. 输精前的准备

输精前应检查精液质量，精子活力达 60% 以上方可进行输精。

先用 0.1% 的高锰酸钾溶液擦洗干净母猪的外阴部，再用对精液无害的润滑剂涂抹输精管的插入端，使之充分润滑，有利于输精管顺利插入。

2. 输精的部位

将输精管沿 45°角向上插入母猪生殖道，逆时针转动输精管，并缓慢向前推移。当感觉输精管前行有阻力时，轻轻来回拉动，直到确定输精管前端被子宫颈锁定。

3. 输精的方法

在确定输精管前端被子宫颈锁定后，将经检查合格的精液缓慢注入子宫颈内。在输精液时，最好将输精瓶底部剪开一小口，并用另一只手的食指按摩母猪阴蒂和腹部，刺激阴道和子宫收缩，借用大气压力和子宫收缩产生的负压将精液吸入子宫颈部。输精结束后，最好不要抽动输精管，使之保持原状至自动脱出，以防止精液倒流。

九、妊娠诊断

(一) 自然返情法

一般情况下，母猪配种后经过一个情期（18～24 天），公猪试情后不再发情，就可以初步判断该母猪已成功受孕；也可以从母猪外部表现判断，妊娠母猪会出现贪睡、贪食、性情温和、行动小心等行为表现，同时出现皮毛光亮、腹围增大、阴门干燥等体征。

(二) A 超诊断法

兽用 A 超测孕仪是通过猪怀孕时羊水所传导的超声波与其他组织不同，来判断母猪是否怀孕。母猪在怀孕期间子宫内充满了羊水，当超声波和子宫里的羊水接触的时候会产生一次回应，回应被接收后，A 超会发出持续的"滴滴"的长短声。测试结果：只有一声"滴"的声音，而无任何连续的长音，则表示"母猪没有怀孕"；若听到间断"滴滴"音，且伴随连续的声音，则表示"母猪已怀孕"。

在母猪配种后 18 天用 A 超测孕，可获得较准确的结果。为了保证测试的准确性，可在配种后 30 天进行复测。A 超测试时间最晚不能超过配种后 60 天。

(三) B 超诊断法

B 超也叫 B 型超声波，由一个主机和一个或多个探头组成。是一种以二维回波显示某一组织断面影像的设备，又称二维超声、实时超声。具有活体孕检、二维图像获取和保存等特点。利用B超诊断母猪妊娠，方法简单，结果准确，是诊断动物妊娠中最常用的测孕仪器。

1. 检查时间

用B超对母猪进行妊娠检查，最早可在配种后18天检测，而在母猪配种25天后检测准确性更高。因为配种25天左右的母猪如果怀孕，则子宫内充满了羊水，可能在B超显示屏上很明显地看到子宫内黑色圆形的液体（图5-5），子宫在盆腔内折叠呈现不同角度的切面，所以出现几个圆形空洞。建议新操作B超的技术员从母猪配种25天后开始学习，随着技术熟练程度的提高，初次测孕的时间可提前至配种后21天，但最早不应超过配种18天前检测。测孕的最佳时间是配种后25～30天，因为此时子宫内羊水最明显且呈现规则的圆形黑洞，最易判断。随着时间的推移，胎儿迅速发育，子宫内羊水的形态会变得不规则，反而不如前期好判断。但与空怀图像相比，差异还是比较明显。

2. 检查次数

为保证母猪妊娠检测结果的准确无误，最好能进行2次检测。一般是在配种后21～25天进行第1次检测，在配种35～45天进行复测。因为在猪的妊娠早期（配种20天左右）容易出现隐性流产的问题。常有猪场发现母猪配种20多天的B超检测到母猪子宫内有明显的孕囊，确定已经怀孕，但到了预产期却未见分娩，很有可能是母猪在怀孕的早期（即第1次测孕后）发生隐性流产。隐性流产的胎儿会被子宫吸收，因此不表现流产的症状，若能在配种后40天左右再进行一次妊娠检测，可提高其准确率。在生产实践中，母猪若在配种40天以后发生流产，则会表现流产症状，可及时观察到。

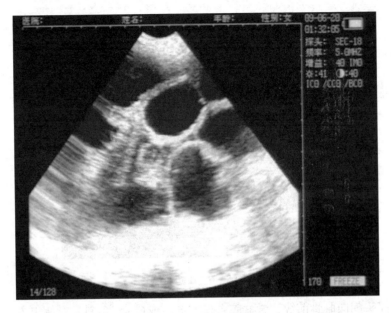

图 5 - 5　B 超孕检图

3. 探查方法

（1）保定　母猪一般不需要保定，只要其保持安静即可，有条件的话在限位栏中对母猪进行检测更方便，姿势侧卧，安静站立最好，趴卧，或采食均可。

（2）探查部位　体外探查一般在下腹部左右，后肋部前的乳房上部，从最后一对乳腺的后上方开始，随妊娠时间的推进，探查部位逐渐前移，最后可达肋骨后端（图 5 - 6）。猪被毛稀少，探查时不必剪毛，但需要保持探查部位的清洁，以免影响 B 超图像的清晰度，体表探查时，探头与猪皮肤接触处必须涂满藕合剂。如是直肠检查则无需藕合剂。

（3）操作方法　体外探查时探头紧贴腹壁，妊娠早期检查，

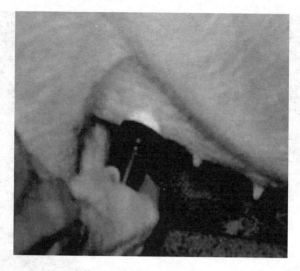

图 5 - 6　B 超孕检

探头朝向耻骨前缘，骨盆腔入口方向，或成 45°角斜向对侧上方，探头贴紧皮肤，进行前后和上下的定点扇形扫查，动作要慢。妊娠早期胚胎很小，要细心慢扫才能探到，切勿在皮肤上滑动探头，快速扫描。

　　探查的手法可根据实际情况灵活运用，以能探查到子宫内情况为准。若猪的膀胱充尿胀大，挡住子宫，造成无法扫到子宫或只能探查到部分子宫时应等受测母猪排完尿以后再进行探测。

十、预产期的推算

(一)"三三三"推算法

　　母猪从交配受孕日期至开始分娩，妊娠期一般在 108 ~ 123 天，平均为 114 天。

　　妊娠母猪预产日期的估算常采用"三三三"推算法。即母猪配种日期的月数加 3 个月（90 天），配种日数加 3 周又 3 天(21 + 3 = 24 天），刚好是 114 天。如配种期为 3 月 9 日，月份 3 月加 3 个月为 6 月，日期 9 日加 3 周 3 天，9 + 21 + 3 = 33 日（1 个月按 30 天计算，33 天为 1 个月零 3 天），则该母猪的预产期为 7 月 3 日。实际生产中，不同的母猪可能会提前或推后一周左右。

（二）加 4 减 6 法

"月份加 4，日期减 6" 推算法即从母猪配种日的月份加 4，日期减 6，结果即为母猪预产期。这种推算方法不分大月、小月和平月，但日期减 6 要按大月、小月和平月计算。例如，配种日期如 12 月 20 日，12 月加 4 为 4 月，20 日减 6 为 14，即母猪的妊娠日期大致在 4 月 14 日。使用上述推算法时，如月不够减，可借 1 年（即 12 个月），日不够减可借 1 个月（按 30 天计算）；如超过 30 天进 1 个月，超过 12 个月进 1 年。

第六章

疫病防治

第一节　防疫制度

猪场必须贯彻预防为主，"防重于治，防治结合，养防并重"的原则，杜绝重大疫病的发生。要达到上述目标，猪场需制定科学的防疫制度并严格执行。

一、隔离消毒制度

①谢绝无关人员进入生产区。本场工作人员确因工作需要必须进入的人员和车辆，应进行严格的消毒。

②饲养人员不得随意串舍，不得相互使用其他圈舍的用具及设备。

③生产区内禁养其他动物。严禁携带与养猪有关的动物及动物产品进入生产区，严禁从疫区购买种猪和饲料。

④坚持自繁自养，必须引进时应从非疫区，取得《动物防疫合格证》的种猪场或繁育场引进经检疫合格的种猪。种猪引进后应在隔离舍隔离观察 2 周以上，健康者方可进入健康舍饲养。

⑤患病猪应及时送隔离舍，进行隔离诊治或处理。

⑥严禁场内兽医人员在场外兼职，严禁场外兽医进入生产区

诊治疾病，确因需要必须从场外请进的兽医，进入生产区应更换服装鞋帽，进行严格消毒后，方可进入生产区。

⑦猪场根据生产实际，制定消毒计划和程序，确定消毒用药物及其使用浓度、方法，明确消毒工作的管理者和执行人，落实消毒工作责任。

⑧做好日常消毒。定期对圈舍、道路、环境进行消毒；定期向消毒池内投放消毒剂，保持有效浓度，做好临产前产房、产栏及临产猪的消毒，同时要严格诊疗器械的消毒工作。

⑨加强所在圈舍的强化消毒，包括对发病或死亡猪的消毒，在出现个别猪发生一般性疫病或突然死亡时，应立即进行无害化处理。

⑩猪场实行全进全出或实行分单元全进全出饲养管理，每批猪出栏后，圈舍应空置 2 周以上，并进行彻底清洗、消毒，杀灭病原，防止连续感染和交叉感染。

⑪加强终末消毒。全进全出制生产方式，在猪出栏后，应对全场或空舍的单元、饲养用具等进行全方位的彻底清洗和消毒，空栏干燥 7 天以上备用。或在周围地区发生国家规定的一二类疫病流行初期，或在本场发生国家规定的一二类疫病流行平息后，解除封锁前均应对全场进行彻底清洗和消毒。

⑫严格消毒程序。一般应按下列程序进行：清扫—高压水冲洗—喷洒消毒剂—清洗—熏蒸消毒或干燥（或火焰）消毒—喷洒消毒剂—转入猪。

⑬加强环境卫生整洁，消灭老鼠、割除杂草、填平水坑，防蚊、防蝇，消灭疫病传播媒介。

二、免疫制度

①猪场应根据本地区、本场疫病流行情况，抗体抽检水平的

高低，疫苗种类、品质等因素制定符合猪场实际的免疫程序，并严格执行，同时建立规范的免疫档案。免疫程序应包括预防接种疫苗的种类，预防接种的次数、剂量、间隔的时间等。

②疫苗由专人使用，疫苗冷藏设备到指定厂家采购，疫苗回场后由专人按规定方法贮藏保管，并应登记所购疫苗的批号和生产日期，采购日期及失效期等。

③对规定的强制免疫的病种，应在当地动物防疫监督机构的监督指导下，按规定的免疫程序进行免疫。

④体弱、有病、没到免疫年龄的猪，补栏后及时进行免疫补针并建立档案。

⑤免疫注射前应检查并登记所用疫苗的名称、批号，外观质量、有效期等；临近失效期疫苗以及失真空、霉变、有杂质或异物疫苗应予报废，严禁使用。

⑥免疫操作应由训练有素的专业技术人员操作接种，严格免疫操作规程。冻干苗应在低温冷冻条件下保存，严禁反复冻融使用，油剂或水剂严防冻结，应在 $4 \sim 8℃$ 条件保存。冻干苗按要求的方法进行稀释，稀释后的疫苗应按规定的方法保存和规定时间内使用完，保证疫苗注射剂量，注射器械严格消毒，防止交叉感染。

三、监测制度

①猪场应定期自行或委托兽医技术机构进行疫病病原学或免疫监测，按监测结果制定疫病净化或免疫工作计划。

②种猪场常规监测内容，猪瘟、口蹄疫、猪繁殖与呼吸综合征、伪狂犬病、乙脑或细小病毒病等。

③猪场引种时必须严格执行调入检疫制度。调入猪必须经过

调出地动物防疫监督机构检疫合格，调入后应严格执行隔离制度，严禁随意调入未经检疫的生猪及其产品。

④兽医人员应定期对猪群进行系统检查，观察猪群健康状况，做好检查记录。如有疫病发生，进一步调查原因，作出初步判断，提出相应预防措施，防止疫病扩散蔓延，并按规定将疫情情况报告当地动物防疫监督机构。严禁迟报、瞒报动物疫情。

⑤猪场定期对猪群主要传染性疾病进行抗体水平监测，评价免疫质量，指导免疫程序修正，及时发现猪群中隐性感染者，自觉接受当地动物防疫监督机构依法开展的监测工作。

⑥当发现疑似传染病时，应及时隔离病猪，并立即向当地动物防疫监督机构报告。

⑦确诊为一般动物疫病时，应在当地动物防疫监督机构指导下，采取隔离、治疗、免疫预防、消毒和无害化处理等综合防治措施，及时控制和扑灭疫情。

⑧确诊为重大动物疫病的，应配合当地政府按国家有关规定，采取强制措施，迅速控制，扑灭疫情。

第二节 猪病诊疗技术

一、猪的保定方法和给药方法

（一）猪的接近与保定

1. 猪的接近法

接近猪时，要让猪只知道有人靠近，一般从前侧方接近，用手轻搔猪的背部、腹部、腹侧或耳根，使其安静，接受治疗。从母猪舍捕捉哺乳小猪或治疗时，应预先用木板或其他物品将母猪隔离，以防母猪攻击，常用箩筐、背篓和编织袋等固定猪的头部。

2. 常用保定方法

保定猪的方法众多，其目的是实用，达到便于诊断和治疗，不过各种方法中，均要保证人畜安全。

（1）徒手保定法　往往用于猪只较小，易于抓提的仔猪。根据不同的目的，徒手保定法的方法也不同，提腿或抓耳和尾以保定。

（2）简易器具保定法　对凶猛的大、中型猪常采用器具保定法。一般借助保定绳、鼻捻杆或保定器等套住其上颌，利用猪后退的习性进行保定。

（二）猪的给药方法

1. 经口给药法

常用有口腔给药法、胃管给药法、饮水与拌料投药。

口腔给药法首先捉住病猪两耳，使它站立保定，然后用木棒或开口器撬开猪嘴，将药片、药丸或其他药剂放置于猪舌根背面，再倒入少量清水，将猪嘴闭上，猪即可将药物咽下。该投药方法限于少量药物，若喂大量药物，则应采取胃管给药。

猪场保健用药或发生疫情时的紧急投药最常用的是将药物添加到饮水或饲料中，采用这种群体式的投药方式，简单易行，实用性强。

2. 注射法

猪场常用肌内注射、皮下注射、静脉注射和腹腔注射等方法来医治患猪。注射法技术性较强，一般要专业人员持专用设备进行操作。

（1）肌内注射 肌内注射是猪场使用最为频繁的注射方法。注射部位一般选择在耳根后一掌的区域，是常规治疗给药和疫苗注射的最主要注射方法

（2）皮下注射 指将药物注射到猪的皮下，使药效缓慢被吸收的注射方法。注射部位选择在肌体皮肤疏松的部位，如大腿内侧等区域。部分疫苗和药物需通过本法注射。

（3）静脉注射 使用注射器或输液器将无菌药物注入猪静脉的一种注射方法。在危急病例治疗中占有重要作用。猪场一般用于产后母猪的治疗、为重病猪的治疗。

（4）腹腔注射 采用无菌的方法将药物注射入猪只的腹腔的方法。腹腔注射在治疗小猪的腹泻病例中发挥着重要的作用。

3. 直肠给药法

将无刺激性的药物灌入病猪直肠内，由直肠内黏膜吸收，也称为灌肠法。猪便秘时，可以给其灌肠促进肠管内的粪便排出。治疗用的灌肠剂主要是用温水、生理盐水或 1% 的肥皂水。

二、猪病基本诊断方法

（一）临床诊断方法

在生产实践中，为了诊断疾病，猪场兽医常需应用各种特定的检查方法，以获得能用于疾病诊断的症状和资料，这些特定的检查方法称为临床检查法。临床检查方法可概括为临床基本检查法、实验室检查法和特殊检查法。基本检查法是对动物进行病史询问和物理检查。实验室检查法是在有适当设备的实验室内进行的一种检查方法。特殊检查法是用以检查某些疾病或某一疾病的特定的方法。

临床基本检查法包括问诊、视诊、触诊、听诊、叩诊和嗅诊。临床基本检查法有 3 个特点，一是方法简单易行，不需要昂贵的仪器设备，借助于简单的器械和检查者的感觉器官就可施行；二是在任何场所，对任何动物都可普遍应用；三是能直接地、较准确地观察和判断病理变化。

1. 视诊

视诊指通过肉眼观察被检动物的状态来判定发病原因的一种诊断方法，在生产实践中应用非常广泛。

2. 触诊

触诊指利用人的感觉器官来判断发病动物组织器官状态的检查方法。

3. 叩诊

叩诊是指通过叩打动物体表的某一部位，根据所产生音响的性质来推断器官病理变化的一种诊断方法。

4. 听诊

听诊指利用直接或借助听诊器从病畜体表听取某些内脏器官的音响，以判断其病理状态的方法。

5. 问诊

问诊指向畜主或饲养管理人员询问与患病动物发病有关的情况，又称病史调查。采用交谈或启发式询问。一般在着手检查病畜前进行，也可边检查边询问。

6. 嗅诊

嗅诊是以检查者的嗅觉闻动物呼出的气体、排泄物及病理性分泌物的气味，并判定异常气味与疾病之间的诊断方法。嗅诊时检查者用手将患畜散发的气味将患畜散发的气味扇向自己鼻部，然后仔细判定气味的特点与性质。

（二）诊断的内容

1. 临床检查的基本内容

临床检查的内容包括静态观察、动态观察及饮食观察等。

（1）静态观察 是在猪群安静休息、保持自然状态的情况下，观察猪只的站立和睡卧姿态、呼吸、体表状态以及动物的分泌物和排泄物等的变化。

（2）动态观察 在静态观察之后还要查看动物的自然活动，通过驱赶强迫猪只活动，观察其精神状态、起立姿势及行动姿势等。

（3）饮食观察 是在猪群自然采食、饮水时，观察有无不食不饮、少食少饮、异常采食和饮水表现，以及有无吞咽困难、呕吐、流涎和食欲差等现象。

2. 猪的个体检查

经群体检查发现的可疑病猪，应进行系统的个体检查。其方法以体温测量、视诊和触诊为主，必要时进行听诊和叩诊。应观察的项目包括精神外貌、姿态步样、鼻、眼、口、咽喉、被毛、皮肤、肛门、排泄物、饮食及体温等有无异常。

体温的变化，是猪体对外来和内在病理刺激的一种对抗反应。因此，对病猪检测体温是不可缺少的诊断依据。体温的测定是测定直肠内温度。猪的正常体温仔猪为 $37 \sim 40℃$，成年猪为 $37 \sim 39.5℃$。一般热型分为：

①稽留热：体温日差在 $1℃$ 以内，高热的持续时间在 3 天以上的叫稽留热。见于某些急性传染病。

②间歇热：高温期与无热期交替出现的叫间歇热。见于某些慢性病。

③弛张热：体温日差超过 $1℃$ 而不降到常温的叫弛张热，见

于支气管肺炎。

在实际生产中，一般是先了解病猪的生长发育状况、饲养管理情况、发病时间及病后表现，然后有目的地对病猪进行形态、结膜、淋巴结、皮肤及体温等检查，再对循环、呼吸、消化、泌尿、生殖及神经等系统进行检查。

由于病原体的毒力、猪体状况、侵入途径和环境影响等条件不同，同样的疾病，往往在不同猪体上出现不同的临床症状。在病的初期，一些不同的传染病、寄生虫病又常呈相似的临床症状，特别是体温、脉搏、呼吸、食欲和精神等方面的变化。也不是所有的传染病和寄生虫病都具有特征性症状。比如，有的传染病、寄生虫病表现为消瘦型，有的表现为顿挫型，有的则表现不典型，有的传染病和寄生虫病表面上看不出症状。因此，当猪发生疫病时，如果仅根据临床诊断，有时难于确诊。必须进行综合诊断，或观察整个发病猪群所表现的临床症状，或采用辅助诊断方法，加以综合分析，切不可轻易地单凭一两个或几个病例即做出临床诊断。

3. 病理学诊断

养猪生产中，主要检查肝脏的颜色、硬度、有无充血、出血、各种色泽的斑点等病理变化，肝静脉是否露张，胆囊及其内容物形态；胃肠道内外是否有异物、出血、寄生虫、溃疡、套叠、扭转等病理变化，其次检查食糜情况等异常；胰脏的色泽和硬度，然后沿胰脏的长径切开，检查有无出血和寄生虫等病理变化；肾脏的大小、硬度，切开后检查被膜是否容易剥离，肾表面的色泽、光滑度以及有无疤痕、出血等变化；心脏纵沟、冠状沟的脂肪量和性状，有无出血；再检查心脏的大小、硬度、色泽以及外膜有无出血和炎性渗出物；肺的大小，胸膜的色泽，以及有无出血和炎性渗出物等。然后用手触摸各肺叶，检查有无硬块、结节和气肿，再检查肺淋巴结的性状。用剪刀剪开气管和支气管，检查其黏膜的性状以及有无出血和渗出物等。最后将左右肺叶横切，检查切面的色泽和含血量，有无炎症病变、空洞、脓肿、结节、气肿和寄生虫等。还要注意支气管和间质的变化；膀胱的大小、尿量及色泽，有无寄生虫、结石，以及黏膜有无出血和炎症等；子宫体背侧剪开左右子宫角，检查子宫黏膜的色泽，有无充血、出血、异物、炎症及胎儿等病理变化；睾丸大小，有无炎症、结节、坏死、萎缩、肿大、化脓等病理变化；下颌及颈淋巴结的大小、硬度，有无出血、肿胀、化脓等；打开颅腔后，检查硬脑膜和软脑膜，有无出血、充血、瘀血。切开大脑，检查脉络丛的性状及脑室有无积水。检查有无白点。然后横切脑组织，检查有无出血及溶解性坏死等。

（三）病料的采集与送检

1. 病料的采集

①供检验用的病料必须是新鲜畜尸的各脏器或血液等。作细菌学培养的则应采用未使用过治疗药物的病畜。所用器械容器事先要消毒。

②采取病料的部位应根据疫病情况而定。一般应采肝、脾、肾、淋巴结、脑、脊髓等组织，如怀疑为口蹄疫则应采蹄部水泡皮或水泡液，分别装在灭菌容器内；需作病原检查的放在50%甘油生理盐水中保存；作病理组织学检查的则放在福尔马林中保存。血液如要作血清学检查，则应让其自然凝固后分离出血清；如作病原学检查需全血，应预先加入抗凝剂。小家畜则可送全尸到实验室，依具体情况采取病料。

③对人畜共患病，在采病料时应戴手套和口罩等。如疑似炭

疽则不能剖检，而应采取局部皮肤或耳尖送检，如确实需要剖检，一定要严格做好消毒和防护，防止病原扩散。

2. 病料的保存及寄送

①依据病料用途和病原特性选择保存方法。一般需冷藏保存作病原检查的材料，应将病料分别装在小口瓶或青霉素瓶内加50％甘油生理盐水。如做病毒分离还应加一定量的青霉素、链霉素。如作细菌检验则不能加"双抗"，而且病料保存时间不宜过长，应尽快密封送检。

②作病理组织切片的病料，应选择好被检脏器的 3 立方厘米的组织块放在10％的福尔马林溶液或95％酒精中，保存液的量应为病料的 8～10 倍。

③供细菌或病毒学检查的血液应加抗凝剂，以防凝固，但不可加防腐剂。常用的抗凝剂为 5％枸橼酸钠溶液，按 1 毫升防凝剂加 10 毫升血液摇匀即可。

④送检的病料都应注明所采家畜的品种、年龄、发病情况、流行病学特点、采集时间、采集地点、畜主、送检目的、病料名称和保存液等详细数据。

（四）诊断的注意事项

1. 重视调查

在疾病诊断的整个过程中，调查工作是很重要的一个组成部分。许多疾病有非常相似或相同的的症状，特别是在肉眼观察时，有时很难加以辨别。因此，详尽地了解发病的全过程，了解当地疾病的流行情况，饲养管理上的各环节，以及曾经采用过的防治措施，然后加以综合的分析，将有助于对体表及内脏检查，从而得到比较准确的诊断。但是，调查并不容易，必须有的放矢地反复进行，所提的问题要明确。为了弄清曾经采取过的防治措施，往往需要实际看一看曾经用过的药物是否和群众提供的情况相符、药物是否失效、剂量是否准确；同样的，为了弄清发病的环境因子，事必躬亲。同时，对调查的各种情况做好详细的记录，以便总结和进行综合分析。

2. 调查要与病体检查相结合

在实地进行诊断时，为了使诊断工作做到准确而迅速，调查访问和病体检查常常需交替或同时进行，不是调查访问全部完成之后再进行检查，也不是全部检查完病体之后再去调查访问。有时等待全部调查工作做完之后就会耽误病体检查，尤其是夏天，送检的病体因天气炎热病体可能死亡、变质或腐烂，就无法供检查使用了。因此，这种情况下就应先进行检查，或在检查的同时向养殖者提问。还有些疾病，通过病体检查发现不了什么问题，而主要须依靠调查访问来进行诊断的。当然也有一些疾病，只需通过检查或调查就可以作出相应的诊断。对于某些疑难疾病，在调查和检查完成后，还必须进行检验室化验方法来作出最终诊断。

3. 选择好送检病体

首先，送检的病体须是病情较重、症状典型或濒临死亡个体；刚死不久的个体也可用作检查的对象。但是，死亡过久或病体已经变质的个体则不能作为检查对象。因此，检查工作最好是在现场进行。

其次，病体检查时，最好多检查一些个体。一般说来，被检查的个体数量越多诊断越准确。

对于群发性疾病，还必须对发病的不同日龄的个体作检查，以保证检查结果的正确、全面。病体检查离不开解剖工作。解剖时要十分细致，解剖工具必须清洗干净，解剖内脏时要当心不要剪破内脏，尤其是消化道内的脏物不能污染其他脏器。

用作镜检的病体组织和黏液，要求薄而透光。遇到堆积在一起的组织，可用自来水、海水或生理盐水稀释化开，盖上盖玻片，压平制成水浸片进行观察。

三、猪场常用药物

猪病防治工作的好坏关系到养猪生产的成败。药物在猪病防治过程中具有举足轻重的作用，有许多药物对猪具有调节代谢、促进生长、改善消化吸收、提高饲料转化率的作用。为了达到药物预防和治疗的效果，防止药物中毒，了解和掌握猪常用药物基本知识是非常必要的。在临床实践中，对某种疾病进行药物预防或治疗时，必须严格掌握不同药物的适应症，根据不同的临床表现选择不同种类的药物。

(一) 药物与毒物的概念

药物是用来预防、治疗与诊断疾病以及促进动物生长、繁殖等的物质。药物和毒物并没有明显的界限，所有的药物如果用量过大，或用法不当，都会对机体产生毒害作用。所以药物与毒物只有量的差异。在临床给药时应严格掌握给药剂量、给药间隔时间以及给药途径，以免药物中毒的发生。

(二) 药物作用机理

1. 药物的吸收

静脉注射时药物直接进入血液，故作用迅速，而其他给药途径药物首先要从用药部位通过生物膜进入血液循环，这个过程称为药物的吸收。只有经过吸收后，药物才能随血流分布到全身各器官、各组织中。影响药物吸收的因素很多，不同的给药途径、剂型、药物的理化性质对药物吸收的快慢有明显的影响，按吸收快慢顺序排列依次为：肺部、肌肉、皮下、直肠、口服和皮肤。胃肠内 pH 值的改变，同样能够影响药物的解离度而影响吸收率。

2. 药物的分布

药物对组织器官的作用强度与药物的分布差异有一定的相关性。影响药物分布的因素大致有：药物与血浆蛋白结合能力、药物与组织的亲和力、药物的理化性质和局部器官的血流量以及血脑屏障和胎盘屏障等。

3. 药物代谢

药物代谢指药物在机体内发生的化学变化。药物代谢多半是使药物失去药理活性，但有部分药物必须在机体内被代谢后，才能具有药理活性。药物代谢包括氧化、还原、水解和结合。肝脏是药物代谢的主要场所，当肝脏功能不全时，药物代谢率下降，因而给药时应减量或减少给药次数，以免药物中毒。

4. 药物的排泄

药物及其代谢产物的排泄，主要经尿液、胆汁、粪便、乳汁、汗液及呼出气体排泄。

5. 半衰期

半衰期是指药物在代谢过程中，浓度从最初生物浓度降至 50% 所需时间，药物半衰期是临床制定合理治疗方案的重要依据。一般临床治疗疾病很少会一次用药即治愈，而重复给药的间隔时间长短要根据药物半衰期来决定。半衰期长的则给药间隔时间长，半衰期短的药物给药间隔时间也要短。一般首次服维持剂量的 2 倍，然后每经一个半衰期再服 1 个维持剂量。

（三）药物的作用

药物的作用包括预防作用、治疗作用和不良反应以及其他作用。本节主要介绍治疗作用与不良反应。

1. 治疗作用

凡符合用药目的和（或）能达到防治效果的作用称为治疗作用。在防治猪病中，常常根据治疗目的不同，分为对因治疗作用和对症治疗作用。

对因治疗作用就是针对疾病产生的原因而进行的治疗。在防治猪病中，对于防治猪的传染性疾病、寄生虫病以及中毒病时常采用对因治疗。对症治疗作用是针对疾病表现的症状进行的治疗，从而通过调整机体的机能，控制病情的发展，帮助病畜的康复。

在生产实践中，应当灵活运用药物的对因治疗和对症治疗作用，充分发挥两者的特点，才能取得最佳的治疗效果。

2. 不良反应

不符合用药目的，甚至给机体带来不良影响的作用称为药物的不良反应。常见的和主要的不良反应有副作用、毒性反应和过敏反应。

（1）药物的副作用　是指应用药物治疗量对病猪进行治疗时，出现与治疗无关的或危害不大的不良反应。如应用硫酸阿托品可以解除肠道平滑肌痉挛，但同时会引起腺体分泌减少和口腔干燥等副作用。药物副作用是伴随治疗作用所出现的不良反应。副作用是可以预料到的，可用某些作用相反的药物来颉颃，以达到减轻或消除副作用的表现。

（2）药物的毒性反应　是由于药物用量过大或应用时间过长，而使机体发生的严重功能紊乱或病理变化，甚至死亡。所以，应用药物时要认识药物的特性，准确掌握其剂量、疗程及病猪的体况，尽量减少或避免毒性反应。

（3）药物的过敏反应　由于动物个体的差异性，某些个体对某种药物的敏感性比一般个体高，并出现病理反应的现象。这种反应跟此药物剂量无关。反应性质不一尽相同，一般不能预知。

（四）影响药物作用的因素

为了达到防治猪病的目的，必须充分发挥药物的作用，而药物的作用受着各种复杂因素的影响。因此，要做到合理正确地应用药物，必须弄清影响药物作用的各种因素，以达到预期效果。影响药物作用的因素包括药物因素、机体因素和环境因素等。

1. 药物因素

药物因素包括药物的理化性质、药物剂量、给药方法及药物在体内的代谢等。在猪病防治实践中，常常同时使用2种或2种以上的药物进行治疗，即为合并用药。合并用药会使药物作用效果发生变化，作用增加或增强时叫协同作用，作用减弱或抵消时叫颉颃作用，合并用药后改变药物理化性质或产生毒性反应时叫做药物的配伍禁忌。

2. 机体因素

猪的机体是药物应用的对象，由于机体的情况具有多样性，往往呈现不同药物作用。所以，必须掌握机体的具体情况，如性别和年龄的差异，体重和机能状态的差异。

3. 环境因素

环境因素很多，包括饲养管理不善、外界环境的改变和季节变化等均能影响药物作用。

（五）药物使用原则

在临床使用的药品中，抗生素的使用率是最高的，在使用抗生素时应注意以下几点。

1. 正确选择抗生素

没有一种抗生素能抑制或杀灭所有病原菌，只有当病原菌对所用抗生素敏感时才有效。因此，应根据患猪的临床情况并综合有关化验结果正确选用抗生素。

2. 选择适当的给药途径

各种给药途径各有其优缺点及应用指征，治疗轻、中度感染时可采用口服给药，宜选用口服吸收完全、生物利用度高的制剂。严重感染时宜采用静脉给药。

3. 合理掌握剂量

抗生素的剂量一般可按患猪体重计算，同时也要根据患猪的生理和病理状态进行适当调整。

4. 掌握疗程

一般抗生素的使用应在体温正常、症状消失后即停止用药。长期使用抗生素则有导致继发感染的可能。继发感染是指继发于药物治疗作用后的一种新的感染，如长期使用广谱抗生素时，胃肠内敏感正常菌群也会被消灭，造成菌群失调，致使其他不敏感的细菌或真菌大量繁殖，继而引起继发感染。

5. 合理联用抗生素

由于抗生素抑制或杀灭细菌的原理各不相同，它们的作用环节不同，毒性反应也不一样，因此，随意联用抗生素是不科学的，甚至是有害的，只有合理联用，才能增加疗效，降低毒性。联合用药的指征是：

①病原菌未明的严重感染。

②单一抗菌药物不能控制的严重混合感染。

③单一抗菌药物不能有效控制的感染性心内膜炎或败血症。

④长期用药，细菌有可能产生耐药性。

⑤用以减少毒性反应。

6. 不能片面追求使用新药、进口药

抗生素疗效好不好，主要决定于细菌对所选的药物是否敏感。否则，再新再贵的药也无用。

7. 不良反应

抗生素使用后如出现可疑现象，如皮疹或荨麻疹等，要及时采取措施，减量或停药，或进行针对性的治疗。

需要强调的是切勿滥用抗生素。因为抗生素只对细菌感染有效，对病毒感染无效。目前，将抗生素盲目用于预防和治疗病毒感染的现象相当普遍，应引起广泛注意。

（六）常用药物

1. 抗生素

抗生素主要是由微生物产生的，能抑制或杀灭其他微生物的代谢产物。但目前有些抗生素已能人工合成或半合成。抗生素是一类低分子化合物，在低浓度时即有效，不仅可以杀灭细菌、真菌、放线菌、螺旋体和立克氏体，还可以杀灭某些支原体、衣原体和原虫等微生物。目前应用于临床的抗生素主要有以下几类：

（1）β内酰胺类 为最早用于临床的抗生素，疗效高，毒性低。主要作用是使易感细菌的细胞壁发育失常，致其死亡。哺乳动物的细胞无细胞壁，因此有效抗菌浓度的青霉素对人和哺乳动物机体细胞几乎无影响。临床常用的青霉素类药有：青霉素G、氨苄青霉素和羟氨苄青霉素（阿莫西林）等。多采用非肠道给药，广泛用于链球菌、葡萄球菌以及猪丹毒杆菌等引起的疾病。易形成引起过敏反应的物质——青霉烯酸，所以应现配现用。

①青霉素G钠（钾）：青霉素对大多数革兰氏阳性菌、部分革兰氏阴性球菌、各种螺旋体以及放线菌均有强大的抗菌作用。低浓度抑菌，高浓度则有强大杀菌作用。临床上主要用于猪的各种细菌性感染，如猪炭疽、猪丹毒、链球菌、葡萄球菌、猪传染性胸膜肺炎、各种呼吸道感染、乳腺炎、子宫炎、关节炎、尿路

感染以及其他病毒性传染病并发病等的控制。用法与用量：肌内注射，2万~4万国际单位/千克，每4小时用1次。

② 氨苄青霉素：对多数革兰氏阳性及革兰氏阴性菌有效，对沙门氏菌属、痢疾杆菌、大肠杆菌和巴氏杆菌等敏感，与卡那霉素、庆大霉素合用有协同作用。主要用于治疗敏感菌引起的肺部感染、肠道感染、尿路感染以及败血症等。用法和用量：片剂，内服每千克体重4~12毫克，每日2次；肌内注射，每千克体重10~20毫克，每日2~3次。

③ 羟氨苄青霉素（阿莫西林）：与氨苄青霉素抗菌作用相同，但杀菌作用快而强，血药浓度高，半衰期长。临床上对呼吸道、泌尿道、皮肤、软组织及肝胆系统等感染疗效较好。如与强的松等合用，治疗猪的乳腺炎-子宫内膜炎-无乳综合症疗效极佳。用法和用量：肌内注射每千克体重5~20毫克/次，每日2次。

④ 头孢菌素类：本类抗生素自20世纪60年代应用于临床以来，发展迅速，应用日益广泛。习惯上依据时间及对细菌的作用，分为一、二、三、四代。常用的有：头孢唑啉（先锋霉素Ⅴ）、头孢拉定（先锋霉素Ⅵ）、头孢曲松、头孢噻肟、头孢哌酮（先锋必）等，具有杀菌力强、抗菌谱广等特点。

（2）氨基糖苷类　本类抗生素性质稳定，抗菌谱广，在有氧情况下，对敏感细菌起杀灭作用。其治疗指数（治疗剂量/中毒剂量）较其他抗生素低，不良反应最常见的是耳毒性。常用的有：链霉素、庆大霉素、卡那霉素和丁胺卡那霉素等。临床主要用来治疗肠道细菌性疾病。大多采用消化道给药。由于本类药物具有一定毒性，采用非肠道给药时，应考虑其使用剂量和使用时间，以免导致病猪的非恢复性毒害损伤，造成不必要的损失。

① 硫酸链霉素：主要对结核杆菌和多种革兰氏阴性杆菌，如

巴氏杆菌、布氏杆菌、沙门氏菌有效，用于猪肺疫、猪结核病、仔猪白痢、仔猪黄痢和猪钩端螺旋体病等。硫酸链霉素内服难吸收，大多以原形从粪便排出，适于治疗肠道感染；肌内注射吸收良好，可用于全身性感染的治疗。链霉素极易产生耐药性，并且与卡那霉素、新霉素有部分交叉耐药现象。其毒性主要是对神经系统和肾脏的损害。用法和用量：链霉素的效价以重量计算，1克相当于 100 万国际单位。猪肌内注射药量为每千克体重 30 毫克。口服每千克体重 20 毫克，一日 2 次；肌内注射每千克体重 2万～3 万单位，每日 2 次。

② 硫酸庆大霉素：本品抗菌谱广，对多数革兰氏阳性（如葡萄球菌、链球菌等）及对大多数革兰氏阴性菌（如大肠杆菌、沙门氏菌）均有较强的抗菌作用，如对绿脓杆菌、大肠杆菌、巴氏杆菌、葡萄球菌耐药株等均有良好杀灭作用，其中对绿脓杆菌效果显著；革兰氏阳性菌中，葡萄球菌对本品高度敏感。主要用于猪链球菌病、绿脓杆菌、猪肺疫、仔猪黄痢、猪巴氏杆菌病，猪钩端螺旋体病等所致的各种感染，如败血症、呼吸道感染、泌尿道感染、化脓性腹膜炎、关节炎等治疗。用法与用量：猪肌内注射量每千克体重 1～15 毫克。

③ 硫酸卡那霉素：本品对大多数革兰氏阴性菌，如大肠杆菌、沙门氏菌、巴氏杆菌等有强大杀菌作用，对金黄色葡萄球菌和结核杆菌也有效，链球菌、绿脓杆菌、猪丹毒杆菌对本品耐药。用于治疗由以上细菌引起的败血症、呼吸道感染、泌尿道感染。主要用于猪气喘病、猪水肿病、猪萎缩性鼻炎的治疗。本品治疗量下用药不良反应轻微，但用药不当，可造成对肾脏和听觉神经的毒害作用。用法与用量：猪肌内注射量为每千克体重 10～15 毫克，每日 2 次，5 日为一个疗程。（肌内注射，1～2 万单位／

千克，每日两次。）

（3）四环素类 四环素类抗生素为广谱抗生素，对绝大多数细菌有效。包括土霉素、四环素、金霉素和强力霉素等。本类药物为黄白色粉末，难溶于水，其盐酸盐为金黄色或黄色结晶粉末，无臭、味苦、易溶于水，遇碱易分解。本类抗生素可沉积于发育中的骨骼和牙齿中，反复使用可导致骨发育不良。妊娠、哺乳期及哺乳仔猪禁用。本类药物对革兰氏阳性菌及阴性菌均有抑制作用，高浓度还有杀菌作用。本类药物的抗菌效力不完全一致，如金霉素对葡萄球菌、溶血性链球菌、肺炎球菌等革兰氏阳性球菌的作用较四环素强；土霉素对一般细菌作用比不上四环素，但对绿脓杆菌、梭状芽胞杆菌和立克次氏体作用较好；而四环素对大肠杆菌及变形杆菌的作用较强。本类药物可用于防治猪的多种疾病，如猪炭疽、猪肺疫、猪气喘病、猪痢疾、仔猪白痢和猪钩端螺旋体病等。

① 四环素：对大多数革兰氏阳性菌和阴性菌有抑制性，高浓度有杀灭作用。用于肺炎、红痢、白痢、猪痢疾、布氏杆菌、钩端螺旋体、腹膜炎、急性败血症和呼吸道感染等感染。用法和用量：口服每千克体重30～50毫克/日，分3～4次内服。肌内注射每千克体重7～15毫克/日，分1～2次。

② 土霉素（油剂称为特效米先）：对大多数革兰氏阳性菌和阴性菌有抑制性，高浓度有杀灭作用。用于肺炎、红痢、白痢、猪痢疾、布氏杆菌、钩端螺旋体、腹膜炎、急性败血症、猪肺疫、气喘病和放线菌等感染。制剂和用量：土霉素片剂，每片0.05克、0.1克、0.25克，有效期3年，猪内服量为每千克体重20～50毫克，猪混饲与饮水用量为300～700克/吨、0.11～0.28克/升。土霉素粉针，每支0.125克、0.25克（25万国际单位），

有效期 3 年，猪肌内注射每千克体重 5～15 毫克/日。治猪气喘病需每千克体重 40 毫克，连用 5 日。含 25% 的灭菌油制混悬液，专用于治疗猪气喘病，于肩背两侧肌内注射每千克体重 0.2～0.3 毫升/次，每隔 3 天一次。注意：应避光、密封保存于干燥处。

③ 多西四环素：本品又名强力霉素，又称脱氧土霉素。其盐酸盐易溶于水，水溶液较四环素、土霉素稳定。抗菌谱与土霉素相似，但作用要强 2～10 倍。对土霉素、四环素耐药的金葡菌仍有效，临床用途同土霉素。本品不仅抗菌作用强，而且半衰期长，静脉注射可通过血脑屏障。大部分由胆汁和尿排出。一般认为本品在四环素类中毒性最小。用法和用量：内服，猪每千克体重 3～5 毫克，每天 1 次，连用 3～5 天。混饲，每吨饲料 150～250 克。混饮，每升水 100～150 克。

（4）酰胺醇类药物　本类抗生素目前主要应用的有甲砜霉素、氟甲砜霉素等。

① 甲砜霉素：又名甲砜氯霉素，属广谱抗生素，对多数革兰氏阳性菌和阴性菌都有抑制作用，但对阴性菌的作用比阳性菌强。阴性菌如大肠杆菌、伤寒杆菌、副伤寒杆菌、产气杆菌、流感杆菌、沙门氏菌、布氏杆菌和巴氏杆菌等，阳性菌如炭疽杆菌、链球菌、棒状杆菌、肺炎球菌和葡萄球菌等，都对甲砜氯霉素敏感。对绿脓杆菌和真菌无效，但对部分衣原体和立克次体有一定控制作用。敏感菌可产生耐药性，但发生缓慢，其中，以大肠杆菌较多见。与其他抗生素无交叉耐药性。主要不良反应是抑制骨髓造血机能，其临床表现轻者呈可逆性的血细胞减少。可抑制免疫球蛋白和抗体生成。与四环素类有部分交叉耐药。此外，与四环素相似，也可产生胃肠道反应和二重感染。主要用于敏感病原体引起的呼吸道感染、尿路感染和肝胆系统感染等。用法和用量：粉剂含量 5%。

内服量：每千克体重 5 ~ 10 毫克。每天 2 次。

② 氟苯尼考：本品又名氟甲砜霉素，是由甲砜霉素氟化而成的单氟衍生物，是白色或类白色结晶性粉末。本品为动物专用的广谱抗生素，其抗菌谱与甲砜霉素相似，对革兰氏阳性菌和阴性菌均有抑制作用。抗菌活性优于甲砜霉素。本品特点是抗菌谱广，吸收良好，体内分布广泛，半衰期长，能维持较久的有效血药浓度，无致再生障碍性贫血的副作用。对耐甲砜霉素的大肠杆菌、沙门氏菌等仍有效。本品主要用于猪胸膜肺炎、黄痢、白痢等。用法和用量：内服量：猪每千克体重 20 ~ 30 毫克，每天 2 次，连用 3 ~ 5 天。肌内注射量：猪每千克体重 20 毫克，2 天一次，连用 2 次。本品虽不引起骨髓抑制，但具有胚胎毒性，故妊娠动物禁用。

（5）大环内酯类　本类抗生素均含有一个 12 ~ 16 碳的大内酯环，为抑菌剂，仅适用于轻中度感染，但是，为目前最安全的抗生素之一。红霉素为本类的代表，临床应用广泛，对青霉素过敏者常以本品治疗。近年来研制开发了许多新品种，临床效果显著，如阿奇霉素、克拉霉素等。

2. 化学合成药

（1）磺胺类药物　本类药物为广谱抗菌药，具有疗效确切、性质稳定、价格低廉、使用方便、便于长期保存等优点，特别是高效、长效、广谱的新型磺胺和抗菌增效剂合成以来，磺胺类药物的应用更加广泛。本类药物一般为白色或微黄色结晶性粉末，难溶于水，易溶于碱性溶液，遇光易变质。不仅对大多数革兰氏阳性菌及某些革兰氏阴性菌有抑制作用，对某些放线菌、真菌、衣原体和一些原虫如弓形虫也有抑制作用。由于刺激性强，主要用于口服。常用于治疗呼吸道、消化道感染和尿路感染，也可用于猪的局部感染，如猪痢疾、仔猪白痢、猪肺疫、猪弓形虫病、猪水肿病、猪慢性呼吸道病以及猪的尿路感染。但是，磺胺类药物无论在体内和体外均能获得耐药性，在治疗疾病时，如果磺胺药物用量不足，也极易产生耐药性，因为本类药物为抑菌药物，并不具杀菌作用。耐药性发展的快慢和强弱，决定于细菌的种属、给药频率、药物浓度以及作用时间。此外，细菌对磺胺类药物具有交叉耐药性，但对其他抗菌药物依旧敏感。

应用磺胺类药物时应注意：一是准确掌握剂量和服用时间，防止剂量过大，时间过长而发生中毒。首次用量要加倍，以后使用维持量，连续用药时间不应超过 7 日。二是发现中毒，应立即停药，给以充足的饮水。三是细菌对磺胺类药物有交叉耐药性，如使用一种磺胺药后细菌产生了耐药性，不要再用其他磺胺类药，应换用抗生素或呋喃类药物。四是磺胺类药只有抑菌作用，没有杀菌作用。因此，在防治过程中应加强饲养管理，提高病猪的防御抗病能力。五是使用磺胺类药物，应给以充足的饮水，以免肾损伤。六是用药期间禁止使用盐酸普鲁卡因，使用注射液时忌与酸性药物配伍。

① 磺胺嘧啶：抗菌力较强，对多种感染均有较高疗效，副作用小，吸收快而排泄较慢，属中效磺胺。易扩散进入组织和脑脊液，是治疗脑部细菌感染的首选药物，如流行性乙型脑炎等病毒的感染，为防止混合感染，也可选用本品。缺点是易在尿中析出结晶，故内服时应配合等量的碳酸氢钠。

磺胺嘧啶片剂：0.5 克/片，猪首次内服量为每千克体重0.14～0.2 克，维持量每千克体重 0.07～0.1 克，每日 2 次；针剂为 1 克/10 毫升或 5 克/50 毫升，猪肌内注射量为每千克体重0.07～0.1 克，每日 2 次。增效磺胺嘧啶片（敌菌灵），每片含

25 毫克 SD 和 5 毫克 TMP，猪内服量每千克体重 30 毫克，每日 2 次。增效磺胺注射液 10 毫升/支，内含 SD 钠 1 克和 TMP 0.2 克，猪肌内注射 0.17～0.2 毫升，每日 2 次。注意：本品较易在尿中析出结晶，须同时供给充足的饮水。

②磺胺甲基异恶唑（新诺明）：抗菌作用较其他磺胺要强，与磺胺间甲氧嘧啶同。疗效与四环素、氨苄青霉素相近。用法和用量：每千克体重注射 0.07 克/次。一日 2 次。注意：本品较易出现在尿中析出结晶、血尿等不良反应，须同时供给充足的饮水，注射与口服时应给予碳酸氢钠。复方新诺明抗菌作用强于其他磺胺类药物，缺点是尿中溶解度低，易析出结晶，内服时应配合等量的碳酸氢钠。片剂为每片 0.5 克，猪首次内服量为 0.1 克，维持量每千克体重 0.07 克，每日 2 次。

③磺胺二甲嘧啶：与磺胺嘧啶钠相似，不良反应少，不易引起泌尿道的损伤。在兽医临床上应推广使用。用法和用量：每千克体重 70 毫克/次。一日 2 次。

④磺胺间甲氧嘧啶：为一种较新的磺胺类药物，抗菌作用强。内服吸收良好，对猪弓形虫病、猪水肿病有显著疗效，对猪萎缩性鼻炎也有防治效果。片剂为每片 0.5 克，猪首次内服量为每千克体重 0.2 克，维持剂量每千克体重 0.1 克。仔猪自断乳日起，以含本品 0.02% 的饲料连续饲喂 60 日，可预防弓形虫病。

（2）喹喏酮类（环丙沙星、蒽诺沙星、氧氟沙星等）　为第三代氟哌酸，抗菌能力强，对革兰氏阳性和革兰氏阴性菌均有效，用法和用量：每千克体重 10～20 毫克，每日 1 次，肌内注射。

（3）痢菌净　对革兰氏阴性菌的抗菌作用强于对革兰氏阳性菌，对猪痢疾、仔猪下痢和猪腹泻等有较好的作用。特别是对猪痢疾的疗效较临床上常用的抗菌素优，复发率低。用法和用量：肌内注射或内服量每千克体重2.0～2.5毫克/次，每日2次，连用3天。

（4）林可酰胺类　包括林可霉素、克林霉素等。

（5）其他合成抗菌药物　如甲硝唑、黄连素等。

3. 抗寄生虫药物

（1）大环内酯类　此类驱虫药属于较新的广谱、低毒、高效的药物，其突出优点在于它对畜、禽体内、外寄生虫同时具有很高的驱杀作用，它不仅对成虫，还对一些线虫某阶段的发育期幼虫也有杀灭作用。这类药物在畜禽驱虫药中以阿维菌素类为代表，主要包括有阿维菌素、伊维菌素及多拉菌素等。

伊维菌素：安全方便，速效广谱，对猪胃肠道线虫、肺丝虫及螨虱等均有杀灭作用，但猪屠宰前28日应停用。猪内服每千克体重0.3～0.5毫克，皮下注射0.3毫克。本品为无色或白色结晶粉末，微溶于水，溶于有机溶剂。内服、肌内注射均吸收良好。本品高效广谱，对于猪吸虫、丝虫、线虫均有驱杀作用，对绦虫的成虫及幼虫也有效。

（2）苯丙咪唑类　属于广谱、高效、低毒的驱虫药。此类药物有多种，但在兽医临床使用最广的是阿苯达唑（又名丙硫苯咪唑、抗蠕敏）。此类药物对许多线虫、吸虫和绦虫均有驱除效果，并对某些线虫的幼虫有驱杀作用，对虫卵的孵化也有抑制作用。

①阿苯达唑：阿苯达唑给猪内服量为每千克体重10～30毫克。阿苯达唑适口性较差，混饲投药时应每次少添分多次投服。该药有致畸的可能性，应避免大量连续应用。此药的停药期为14天。

②左旋咪唑：白色或微带黄色结晶，性质稳定，易溶于水。

内服吸收快，肝代谢迅速，肾排泄也迅速，无残留物。为广谱驱虫药，对猪肺丝虫、食道口线虫、肾虫、猪刺头虫、猪肠道寄生虫均有效。常用每千克体重 8 毫克内服给药。

（3）有机磷酸酯类　系低毒有机磷化合物，常用做杀虫药和驱虫药，主要有敌百虫、敌敌畏和蝇毒磷等，其中以敌百虫应用较多。

敌百虫为广谱驱虫药，对多种猪消化道线虫如猪蛔虫、毛首线虫和食道口线虫均有驱除作用，外用还可杀灭体外寄生虫，如螨、虱、蚤和蜱等。敌百虫按每千克体重 80~100 毫克/次混料投服，外用可按 1% 浓度涂擦或喷雾。敌百虫毒性较大，安全范围窄，使用时注意勿超量，孕猪及胃肠炎患猪禁用，并不要与碱性药物配合应用。由于此类药物毒性和副作用较大，而且驱虫效果不够理想，所以，近些年使用者逐渐减少。此药的停药期为 7 天。

4. 维生素类药物和体液补充剂

（1）维生素类

①维生素 A：维生素纯品为黄色片状结晶，遇光、空气和氧化剂则分解失效，应遮光密封保存于阴凉处。主要用于猪的维生素缺乏引起的视觉障碍，上皮细胞萎缩角化，怀孕母猪发生流产或死胎，成年公猪的精子生成障碍，仔猪生长发育停滞等适应症。本品的生物效价用国际单位表示，1 个国际单位相当于维生素醋酸盐标准品 0.33 微克，相当于维生素 0.3 微克。猪内服量5 万国际单位。

② 维生素 D：维生素 D_1、维生素 D_2、维生素 D_3 均为无色结晶，不溶于水，溶于有机溶剂，性质稳定。主要用于猪的维生素D 缺乏病，如猪的向倭病和骨软化病以及怀孕母猪、仔猪、泌乳母猪，需补充维生素 D，以促进对饲料中钙磷的吸收。维生素 D_3

注射液，猪肌内注射量为每千克体重0.15万~0.3万国际单位/次。长期大剂量应用可引起高血钙，致使大量钙盐沉积在肾、肺、心肌等软组织上，对肾损害尤为严重，猪表现为食欲不振、腹泻、肌肉震颤和运动失调，最后死于尿毒症。

③维生素K：本品主要参与肝凝血酶和凝血因子的合成，用于猪维生素K缺乏引起的出血性疾病，如猪采食霉烂变质的草木樨和青贮料，导致组织出血死亡，水杨酸钠中毒引起的低凝血酶原血症，长期内服抗生素造成肠内正常菌群失调引起的维生素K缺乏症等。制剂和用量：维生素K注射液每支4毫克/毫升，猪每次肌内注射为30~50毫克。

④维生素C：本品为白色结晶粉末，有酸味，易溶于水，不溶于脂，具有强还原性，易被氧化剂破坏。主要用于防治猪维生素C缺乏症，铅、汞、砷和苯的慢性中毒及风湿性疾病和高铁血红蛋白症等。对急慢性感染症，各种贫血、肝胆疾病及各种休克，可用作辅助治疗药，还可促进创伤愈合。制剂与用量：注射液2.5克/20毫升或1克/10毫升，猪肌内注射0.2~0.5克/次。片剂每片50毫克或100毫克，猪内服量为0.2~0.5克。注意：本品对抗生素有不同程度的灭活作用，不能混合注射；维生素C在碱性溶液中易被氧化，故不可与氨茶碱等碱性溶液混合应用。

（2）体液补充剂

①氯化钠：作用与用途：各种原因所致的失水，包括低渗性、等渗性和高渗性失水；应用等渗或低渗氯化钠可纠正失水和高渗状态；低氯性代谢性碱中毒；外用生理盐水冲洗、洗涤伤口等；还用于产科的引产。辅助用药静脉滴注。

②氯化钾：治疗各种原因引起的低钾血症，如进食不足、呕吐、严重腹泻、应用排钾性利尿药、低钾性家族周期性麻痹、长

期应用糖皮质激素和补充高渗葡萄糖后引起的低钾血症等。预防低钾血症，当患者存在失钾情况，尤其是如果发生低钾血症对患者危害较大时（如使用洋地黄类药物的患者），需预防性补充钾盐，如进食很少、严重或慢性腹泻、长期服用肾上腺皮质激素、失钾性肾病、Bartter 综合征等。用法用量：用于严重低钾血症或不能口服者。一般用法是将 10% 氯化钾注射液 10～15 毫升加入 5% 葡萄糖注射液 500 毫升中滴注（忌直接静脉滴注与推注）。补钾剂量、浓度和速度根据临床病情和血钾浓度改善而定。防止高钾血症发生。

5. 其他各种药物

（1）解热镇痛药

①复方氨基比林：有解热镇痛、抗风湿作用。用于治疗感冒发热，风湿及神经痛，与青霉素混合使用，能延长青霉素药效。用法及用量：肌内注射，每 50 千克体重用 10% 复方液 5～8 毫升，每日 1 次。

②安乃近（罗瓦尔精）：有镇痛祛风湿作用。治疗各种风湿症及疼痛，对胃肠疾病有缓和止痛作用。用法及用量：肌内注射，每 50 千克体重 3～5 毫升，每日 1 次。

③安痛定：解热镇痛。用于感冒发热、风湿性关节炎。用法及用量：肌内注射，每 50 千克体重 4～6 毫升，每日 1 次。

（2）强心药

①樟脑磺酸钠：本品为白色结晶粉来，易溶于水，对中枢神经系统有兴奋作用，临床上主要用于治疗心力衰竭，如感染性疾病、药物中毒等引起的心功能衰竭。注射液为每支 1 毫升/0.1 克，10 毫升/1 克，猪肌内注射量 0.2～1 克/次。作用与用途：强心、兴奋呼吸中枢。用于治疗心脏衰弱和中暑等虚脱性疾病。用

法及用量：肌内注射，每50千克体重5～15毫升，每日1次。

② 肾上腺素作用与用途：兴奋心脏，提高血压。用于强心升压，使支气管扩张；还用于平喘，抗过敏；外用有止血作用。用法及用量：肌内注射，每50千克体重2～3毫升，每日1次。

（3）子宫收缩药、性激素药

① 催产素（缩宫素）：本品为白色粉末，易溶于水。能选择性地作用于子宫平滑肌。对临产母猪的子宫作用最强，还能促进乳腺排乳，但产后对子宫的作用逐渐降低。适用于子宫颈口开张，子宫收缩无力者。肌内注射小剂量具有催产作用；产后子宫出血时，大剂量注射催产素能迅速止血，并可治疗胎衣不下及促进死胎排出。作用与用途：用于治疗难产（子宫阵缩无力）、胎衣不下、死胎及子宫出血等。用法及用量：催产素注射液5毫升/50国际单位，1毫升/10国际单位，有效期1年；肌内注射，50千克猪每头次20～30单位，极量50单位。

② 乙烯雌酚：为无色结晶或白色结晶粉末，难溶于水，易溶于有机溶剂，遮光密封保存。具有促进母猪生殖系统发育的作用，可应用于动物的催情，以及子宫蓄脓、胎衣不下和死胎的排出。作用与用途：治疗卵巢机能减退、卵巢萎缩、产后子宫恢复迟缓、分娩时子宫颈扩张不全和胎衣不下等。用法及用量：片剂为每片5毫克、1毫克或0.5毫克，猪内服剂量为3～10毫克/次；注射液为每支1毫升含1毫克、3毫克或5毫克，猪肌内注射量为3～10毫克/次。

③ 黄体酮：本品为白色或微黄色结晶，不溶于水，溶于乙醇。主要作用于子宫内膜，为受精卵着床作准备，并具有抑制子宫收缩、安胎和保胎等作用。临床上主要用于习惯性流产和先兆性流产的治疗或促使母猪周期发情。注射液每支1毫升含50毫

克、20 毫克或 10 毫克。作用与用途：安胎、促进乳腺生长。用法及用量：猪肌内注射剂量 15～20 毫克/次。

④ 氯前列腺醇：本品为无色澄明的液体。氯前列醇钠是合成的前列腺素类似物，具有溶黄体作用，从而使动物进入正常的发情周期、排卵。注射给药后，血液中的含量在 1 小时后达到高峰，其半衰期视物种不同而有差异，一般为 1～3 小时，大多数动物在给药 24 小时后能全部排出体外。作用与用途：用于怀孕母猪和初产母猪分娩。用法与用量：深部肌内注射，一次量猪 2 毫升。注意事项：只能在预产期 2 天前使用，严禁过早使用。本品只适用于保存有准确配种记录的猪场。本品可通过皮肤吸收，因而在使用本品时要小心，尤其是育龄妇女和气（哮）喘病人，避免接触皮肤、眼睛或衣服。操作时配戴橡胶或一次性防护手套，操作完毕及在饮水或饭前，用肥皂和水彻底清洗。皮肤上粘溅本品，应立即用大量清水冲洗干净。如果偶尔吸入或注射本品引起呼吸困难，建议吸入速效舒张支气管药，如舒喘宁。本产品产生的废弃物应在批准的废物处理设备中处理。严禁在现场处置未稀释的化学品，勿污染饮水、饲料和食品。本品开启后，应在 28 日内用完。本品用完后，空瓶应深埋或焚毁。

（4）解毒药

① 亚甲蓝：氰化物和亚硝酸盐中毒的解毒药。用法及用量：注射液浓度为 1%，2 毫升、5 毫升或 10 毫升分装，猪肌内注射解救亚硝酸盐中毒时需每千克体重 1～2 毫克；解救氧化物中毒时需每千克体重 2.5～10 毫克。静脉注射 0.1 毫克，每日 2 次。

② 阿托品：是敌百虫、1605、1059 农药中毒的有效解毒药。还能用于治疗胃肠痉挛和止痛。用法及用量：肌内注射，每 50 千克体重每次 0.2～0.4 毫升（10～30 毫克/次）。注意事项：严

重中毒者应与解磷定或双复磷等配合使用。剂量过大时，可使动物出现口腔干燥、瞳孔放大、心跳加快。

第三节　猪病综合防控措施

一、生物安全隔离

（一）隔离防护

将不同健康状态的动物严格分离、隔开，完全、彻底切断其间的来往接触，以防止疫病的传播和蔓延即为隔离防护。隔离是为了控制传染源，是防制传染病的重要措施之一。

（二）隔离种类

隔离有 2 种情况，一种是正常情况下对新引进动物的隔离，其目的是观察这些动物是否健康，以防把感染动物引入新的地区或动物群，造成疫病的传播和流行。另一种是在发生传染病时实施的隔离，是将患病动物和可疑感染的患病动物隔离开，防止动物继续受到传染，以便将疫情控制在最小范围内就地扑灭。

（三）隔离方式

1. 引种检疫与隔离

引进猪只前，做好产地疫情调查，确保引进的猪只不携带疫病。引到目的地时，要隔离饲养 45～60 天，经检疫合格后，每栏猪再混入一头本场的猪，使外来猪适应本场的微生物群体，并做好气喘病免疫接种等工作。隔离场采用全进全出制，批次间要严格清洗、消毒、空栏。

2. 人员物品隔离

人员是畜禽疾病传播中最危险、最常见也最难以防范的传播媒介，必须有效控制。猪场的人员活动应做到：谢绝外来人员进入生产区参观访问，并在生活区指定的地点会客和住宿；场内职工不准食用外购猪肉产品，不得养宠物；生产人员进入生产区，要经过淋浴、更换消毒过的专用的工作服和鞋帽后才能进入；工作服和鞋帽必须每次用都要经过消毒；生产区内各生产阶段的人员、用具应固定，人员不得随意串舍和混用工具；生产区的工作人员不得对外开展诊疗等服务。

3. 与场外生物的隔离

场内严禁饲养禽、犬、猫及其他动物，搞好灭鼠、灭蚊蝇和灭吸血昆虫等工作，控制有害生物。有条件的可在猪场四周及上方设网罩，避免飞鸟进入，有效切断疾病的传播途径，减少病原体与易感动物的接触。

二、消毒

利用物理、化学或生物学方法杀灭或清除外界环境中的病原体，从而切断其传播途径、防止疫病的流行叫做消毒。消毒是贯彻"预防为主"的重要措施之一。其目的是消灭被传染源散播于环境中的病原体，阻止疫病的蔓延。

（一）消毒种类

消毒的种类分疫源地消毒和预防性消毒 2 种。

1. 疫源地消毒

疫源地消毒指有传染源（病者或病原携带者）存在的地区，进行消毒，以免病原体外传。疫源地消毒又分为随时消毒和终末消毒 2 种。随时消毒是指及时杀灭并消除由污染源排出的病原微生物而进行的随时的消毒工作。终末消毒是指传染源在隔离舍中，痊愈或死亡后，对其原居地点进行的彻底消毒，以期将传染病所遗留的病原微生物彻底消灭。包括猪只清除后的空栏、用具等进行消毒亦为终末消毒。

2. 预防性消毒

预防性消毒指未发现传染源的情况下，对可能被病原体污染的物品、场所和动物进行消毒措施。手术后的隔离及消毒措施亦为预防性消毒。

(二) 消毒方法

防疫工作中比较常用的一些消毒灭菌的方法主要有以下几种。

1. 喷雾

将消毒药液用压缩空气雾化后，喷撒到猪体表面以及周围环境，以杀灭和减少猪体表和畜舍内外空气中的病原微生物。

2. 熏蒸

熏蒸就是采用熏蒸剂这类化合物在能密闭的场所杀死病原微生物的技术措施。熏蒸剂是指在所要求的温度和压力下能产生使有害生物致死的气体浓度的一种化学药剂。这种分子态的气体，能够渗透到被熏蒸的物质中去，熏蒸后通风散气，非常容易扩散出去。常用的熏蒸消毒剂有醋、甲醛＋高锰酸钾、二氯异氰尿酸钠烟熏组合等。

3. 蒸煮

水的煮沸消毒中，一般的细菌繁殖体在100℃的环境中1~2分钟即能完成消毒。对于芽孢的消毒则须较长时间，1~2小时才可能破坏。要达到较好的消毒灭菌效果，通常采用高压蒸汽灭菌的方法彻底杀灭细菌及芽孢，通常压力为98.066千帕，温度

121~126℃的条件下15~20分钟，适用于耐热、耐潮的物品。

（三）消毒药物的选择

消毒药是指用于杀灭传播媒介上的病原微生物，使其达到无害化要求的制剂。它不同于抗生素，它在防病中的主要作用是将病原微生物消灭于畜体之外，切断传染病的传播途径，达到控制传染病的目的。常用的为化学消毒药物。根据对病原体蛋白质作用，分为以下几类。

1. 酚类

常见有苯酚和甲酚等。酚类的抗菌活性不易受环境中有机物细菌数目的影响。适当浓度的酚类化合物几乎对所有不产生芽孢的繁殖型细菌具有杀灭作用，一般酚类化合物用于猪场环境及用具消毒。

兽医临床上常选择复合酚，可以杀灭细菌、病毒、霉菌以及寄生虫卵，主要用于圈舍、器具、排泄物和车辆等的浸泡、喷雾消毒。

2. 醛类

常用的有甲醛和戊二醛等。

（1）甲醛　能杀死细菌繁殖体、芽孢以及抵抗力强的结核杆菌、病毒及真菌等，用于猪场内圈舍、仓库、器具等的熏蒸消毒。熏蒸消毒时，盛装药品的瓷盒容积不小于福尔马林的4倍，以免福尔马林沸腾时溢出，其杀菌力与温度、湿度均有关系，消毒时温度不低于15℃，湿度越大，杀菌力越强。

（2）戊二醛　可杀灭细菌的繁殖体、芽孢、真菌和病毒，有机物对其作用影响不大，用于圈舍的喷雾消毒。

3. 碱类

碱对病毒、细菌的杀灭作用均较强，高浓度时可以杀灭芽孢，可以用于空栏圈舍、饲槽和运输车喷雾消毒，需注意碱溶液能损坏铝制品、油漆漆面和纤维织物。

（1）氢氧化钠　一般以2%的溶液喷洒圈舍地面、饲槽、车辆，用于口蹄疫、猪瘟、猪流感和猪丹毒等感染的消毒；5%溶液用于炭疽芽孢污染的消毒，溶液中加入食盐，可以提高消毒效果，由于对组织具有腐蚀性，消毒时应该注意防护，同时，建议消毒4小时后用清水冲洗。

（2）生石灰　主要成分氧化钙。临用前加水配成20%的石灰乳涂刷圈舍墙壁、畜栏和地面等，也可以直接将生石灰撒于潮湿地面和粪池周围等，也可以用于圈舍消毒池脚踏消毒。

4. 酸类

酸类包括有机酸和无机酸。无机酸类为原浆毒，具有强烈的刺激和腐蚀作用，应用受限制。2摩尔/升的硫酸用于排泄物的消毒。

5. 卤素类

卤素和能释放卤素的化合物，具有强大的杀菌效力。其中，氯的杀菌作用最强，碘较弱。

（1）含氯石灰　又名漂白粉，为次氯酸钙、氧化钙和氢氧化钙的混合物，含有效氯不得小于25.0%。漂白粉为廉价有效的消毒药，广泛用于饮水消毒、圈舍、场地、车辆和排泄物等的消毒。漂白粉对皮肤和黏膜有刺激作用，也不能用于金属制品和有色棉织物的消毒。

（2）二氯异氰尿酸钠　又名优氯净，属于氯胺类化合物，在水溶液中水解为次氯酸。杀菌谱广，对繁殖型细菌、芽孢、病毒和真菌孢子均有较强的杀灭作用，主要用于圈舍、排泄物和水的消毒，临用前现配，可以采用喷洒、浸泡和擦拭的方法消毒。

6. 过氧化物

过氧化物多依靠其强大的氧化能力杀灭微生物，又称为氧化剂，这类药物的缺点是易分解、不稳定，具有漂白和腐蚀作用。

（1）过氧乙酸　又名过醋酸，是过氧乙酸和乙酸的混合物，易挥发，易溶于水，性不稳定，遇热或有机物、重金属离子、强碱等易分解。过氧乙酸兼具酸和氧化剂特性，是一种高效杀菌剂，较一般的酸或氧化剂作用强，作用产生快，在低温下仍然具有杀菌和抗芽孢的能力，主要用于圈舍、器具等的消毒，3%～5%溶液用于密闭空间加热熏蒸消毒。

（2）高锰酸钾　为强氧化剂，与有机物或加热、加酸或加碱即放出原子氧，呈现杀菌、除臭、解毒作用，用于冲洗皮肤创伤及腔道炎症，应该严格掌握不同适应症采用不同浓度的溶液。药液需新鲜配制、避光保存。腔道冲洗及洗胃配成0.05%～0.1%溶液，创伤冲洗配成0.1%～0.2%溶液。

7. 表面活性剂

表面活性剂主要通过改变界面能量分布，从而改变细菌细胞膜的通透性，影响细菌新陈代谢，还可以使蛋白变性，灭活菌体内多种酶系统，而具有抗菌活性。

苯扎溴铵，又名新洁尔灭，属季铵盐类阳离子表面活性剂，具有杀菌和去污作用。但是，杀菌效果受有机物影响较大，故不宜做圈舍及环境消毒，用于创面、皮肤和手术器械的消毒（器械消毒时，需加入0.5%的亚硝酸钠）。用时禁与肥皂及其他阴离子表面活性剂、盐类消毒药、碘化物和过氧化合物等配伍使用。其水溶液不得贮存于由聚乙烯制作的瓶内，以避免与其增塑剂起反应而使药物失效。

（四）消毒注意事项

①选择品牌和信誉度好的厂家生产的保质期内的消毒药物，不使用过期、劣质药品。

②使用说明书的要求配制和使用药液，不能随意加大和减少药物浓度，否则会影响消毒效果或加大对人员、动物和环境的负面影响。

③不要任意将不同消毒药物混合使用，注意配伍禁忌。

④禁止长时间使用一种消毒药物，避免病原微生物快速产生耐药性，建议 1 个月轮换一次消毒药物。

⑤毒药物宜现配现用，及时用完。

⑥消毒时注意安全，消毒人员要戴必要的防护用品（口罩、眼镜、手套、胶靴、工作服等），同时也要注意消毒药物对猪群及物品的危害，确保安全生产。

⑦喷雾消毒时，注意整个立体空间的消毒，做到顶面、墙面、地面和圈舍空间空气尘埃的立体消毒。

⑧有条件的猪场，开展消毒效果检验试验，选择真正有针对性的消毒药物和消毒方法。

（五）影响消毒效果的因素

在消毒过程中，应根据对所消毒的条件、对消毒人员的保护性、需要达到的效果等方面的要求，从而正确选取消毒药物。主要影响化学消毒效果的因素有以下方面。

1. 药物方面

（1）科学选择消毒剂　消毒药物具有特异性，同其他治疗药物一样，消毒剂对微生物具有一定的选择性。某些药物只对某一部分微生物有抑制或杀灭作用，而对另一些微生物效力较差或不发生作用。也有一些消毒剂对各种微生物均具有抑制或杀灭作用

（称为广谱消毒剂）。所以，在选择消毒剂时，一定要考虑到消毒剂的特性，科学地选择消毒剂。

（2）消毒剂的浓度　消毒剂的消毒效果一般与其浓度成正比，也就是说，化学消毒剂的浓度愈大，其对微生物的毒性作用也愈强。但这并不意味着浓度加倍，杀菌力也随之增加1倍。而且消毒剂浓度的增加是有限的，超越此限度时，并不一定能提高消毒效力。有时一些消毒剂的杀菌效力反而随浓度的增高而下降，如70%或75%的酒精杀菌效力最强，使用95%以上浓度，杀菌效力反而不好，并造成药物浪费。

2. 微生物方面

（1）微生物的种类　由于不同种类微生物的形态结构以及代谢方式的差异，其对化学消毒剂的敏感性也不同。如细菌、真菌、病毒、衣原体和霉形体等；即使同一种类中不同类群对各种消毒剂的敏感性并不完全相同。而病毒对碱性消毒药比较敏感。因此在生产中要根据消毒和杀灭的对象选用消毒剂，效果才能比较理想。

（2）微生物的状态　处于不同状态的同一种微生物对消毒剂的敏感性也不相同。如炭疽杆菌对消毒剂的抵抗力强弱：芽孢 > 生长期 > 繁殖期。

（3）微生物的数量　同样条件下，微生物的数量不同对同一种消毒剂的作用也不同。通常细菌的数量越多，要求消毒剂的剂量相应增大、消毒时间相应延长。

3. 外界因素方面

（1）有机物质的存在　当微生物所处的环境中有如粪便、痰液、脓液、血液及其他排泄物等有机物质存在时，也会严重影响到消毒剂的效果。

（2）消毒时的温度、湿度与时间　许多消毒剂在较高温度下消毒效果较好，温度升高可以增强消毒剂的杀菌能力，并能缩短消毒时间。如温度每升高 10℃，金属盐类消毒剂的杀菌作用增加 2～5 倍，石炭酸则增加 5～8 倍，酚类消毒剂增加 8 倍以上。湿度作为一个环境因素也能影响消毒效果，如果湿度过低，则效果不良。如用过氧乙酸及甲醛熏蒸消毒时，保持温度 24℃以上，相对湿度 60%～80% 时，效果最好。在其他条件都一定的情况下，作用时间愈长，消毒效果愈好。

（3）消毒剂的酸碱度及物理状态　许多消毒剂的消毒效果均受消毒环境 pH 值的影响。如碘制剂、酸类、来苏儿等阴离子消毒剂，在酸性环境中杀菌作用增强；阳离子消毒剂如新洁尔灭等，在碱性环境中杀菌力增强；2% 戊二醛溶液，在 pH 值 4～5 的酸性环境下，杀菌作用很弱，对芽孢无效，若在溶液内加入 0.3% 碳酸氢钠碱性激活剂，将 pH 值调到 7.5～8.5，即成为 2% 的碱性戊二醛溶液，杀菌作用显著增强，能杀死芽孢；使用熏蒸消毒时，增加湿度有利于消毒效果的提高。

在猪场消毒工作中，影响消毒效果的因素众多，兽医临床上须要根据消毒时机、对象、环境温湿度、环境酸碱度、是否有过多的有机物存在（消毒前的机械性清扫、冲洗尤为重要）、消毒药物之间的相互影响等诸多方面综合考虑，使用适宜的消毒药物、采取合适的消毒方法、选择有效的药物浓度，方能达到理想的消毒效果。

（六）重点消毒环节

1. 人员进出

在猪疫病防控中，切断传播途径是控制疫病传播的重要环节。在猪场，人员进出频繁，造成病原传入概率增大，包括机械性带入和生物性传播。当人员接触了患病猪及其污染物之后再进入养猪场，就会发生机械性传播。对于人兽共患病病原则可能通过人员造成生物性传播。因此，从某种程度上讲，人员是猪疫病传播中最危险、最常见、也最难以防范的传播媒介。

（1）管理人员　进入生产区，应洗手、穿工作服和水靴，戴工作帽，或淋浴后更换衣鞋，进入或离开每一栋舍时要养成脚踏消毒池的习惯。尽可能减少不同功能区内工作人员交叉流动的现象。

（2）畜牧兽医技术人员　原则上不准对外出诊，参加业内会议后，最好洗澡更衣隔离 2 天以上，再次洗澡换衣后才能进入生产区。在场内各单元间互动时应该遵循：从健康群到发病群，从日龄小的畜群到日龄大的畜群，从清洁区至污染区的顺序。

（3）饲养员　原则上不允许外出，特殊情况外出后必须在生活区宿舍彻底洗澡更衣后，隔离 2 天以上才能进场。在场内必须穿上干净工作服，不互相串舍。

（4）外来人员　猪养殖场尽量避免外来人员的参观，经批准允许进入参观的人员必须走人员专用通道，在人员专用通道设立消毒室。如果要进入生产区，还必须淋浴、换衣裤隔离 2 天以上，才能进入。同时，要对来场参观人员的姓名及来历等内容进行登记，保留一定时间。

2. 车辆进出

防止无关车辆进入养殖场所，对相关车辆必须严格消毒后才能入场，采用机械冲洗后喷雾消毒或消毒房内整车熏蒸或高温消毒。

3. 使用工具

猪养殖场的器具和设备必须经过彻底清洗、消毒之后方可带入猪舍，喂料器具应定期清洗、消毒。养殖场工作服应保持清洁，定期消毒。进入养殖场的饲料及饮水必须清洁安全，定期对饮水进行病原、重金属元素的检测，定期对饲料进行细菌、霉菌和有害物质的检测，饲料中动物源性物质必须符合兽医防疫的相关要求才能添加。养殖场要严格执行国家关于兽药和药物饲料添加剂使用休药期的垫料。

4. 猪群消毒

猪群的带猪消毒有一定意义。原则上种猪、后备猪舍每周消毒 1 次，产房每周消毒 1～2 次，保育舍每周消毒 1～2 次，育肥舍每周消毒 1 次。如果发生疫情，消毒次数可适当增多。

5. 环境消毒

环境消毒主要指场内的交通要道、大小路径和圈前圈后的消毒，可利用 2% 的火碱或 0.2%～0.3% 的过氧乙酸进行高压喷雾消毒，正常情况下每月消毒 2 次。坚持对舍内外打扫、清洁、清洗和消毒，使其符合猪生长的卫生要求，尤其注意空气中悬浮颗粒的消毒处理。猪出栏或转栏后，清除有机物（粪便、尿液、垫草、饲料）后，及时冲洗，再选择敏感消毒药消毒处理后干燥备用。临用前需要对封闭圈舍进行熏蒸消毒或臭氧消毒，可大大降低微生物、虫卵等病原体的数量，避免早期感染，降低免疫失败和免疫抑制疾病发生的程度，减少猪疫病发生的概率。粪尿、污水、动物尸体，都应严格进行无害化处理。对垫料、粪尿、污水，应进行生化处理和降解，病死动物尸体应深埋或无害化处理。

三、药物保健

（一）寄生虫病

猪寄生虫的控制策略就是要懂得何时和怎样应用驱虫药清除

寄生虫感染，防止寄生虫成熟、产卵和污染畜舍以及减少经济损失。结合当地的寄生虫流行情况，选择性投药。其目标是使感染终止在猪场正常管理和寄生虫感染周期的关键时期，以减少和防止进一步感染。粪便的实验室检查结果可以反映猪场中寄生虫的感染类型和严重性。可以设计一个预防性控制策略。

1. 定期预防驱虫

各地应根据当地的寄生虫的流行情况制订控制程序。一般来说：仔猪 1 月龄时驱虫 1 次，2~3 月龄时再驱虫 1 次。后备猪在配种前 1 周时驱虫 1 次，以后每次随仔猪 1 月龄时驱虫 1 次或者在母猪产前 1 周用伊维菌素类药物驱虫 1 次。公猪应在每年的春秋季各驱虫 1 次。

2. 注意环境卫生

平常要注意圈舍的清洁卫生，定期消毒。粪便堆积发酵，消除周围污水、杂草、蚊、老鼠等。消除需要第二中间宿主的部分寄生虫。驱虫应有专门的场所，治疗及时迅速。一旦流行，须及时迅速的治疗，否则造成重大的经济损失。

3. 交替重复用药

有的需多次用药，如疥螨。须间隔 1 周后再用药 1 次，有的甚至更多次。

4. 驱虫药物使用的注意事项

服驱虫药时，还要注意配合泻药同时服用，促使虫体迅速排出体外。空腹服药，可使药力充分作用于虫体。某些副作用较大的药物，宜在下午稍晚服用。特别需要注意的是驱虫药都有一定毒副作用，经常服用或过量服用会造成呕吐甚至肝功能损害，还可能引起中毒。

（二）细菌、病毒病

有效控制猪群细菌性感染是目前养猪生产实际中必须高度重视的问题。目前，需要重点控制的对象主要是副猪嗜血杆菌、链球菌、大肠杆菌和传染性胸膜肺炎放线杆菌的细菌性疾病。病毒性疫病目前没有较好的药物选用，部分中药及其制剂有一定的效果，生产上可根据情况灵活选用。

1. 哺乳仔猪与保育猪的保健

哺乳仔猪与保育猪的保健可用头孢噻呋针剂，依据副猪嗜血杆菌易发阶段，可在哺乳仔猪和保育猪的不同日龄（3、7、21、28、35、42 日龄）使用。头孢类制剂是预防副猪嗜血杆菌和链球菌等继发感染的有效药物。同时也可在饲料或饮水中添加一些抗菌药物（如泰妙菌素、氟苯尼考、土霉素、金霉素、强力霉素和阿莫西林）。

2. 生长育肥猪的保健

猪繁殖与呼吸综合征病毒感染猪群常在转群后 80～120 日龄阶段，易发生呼吸道疾病。这一阶段也是传染性胸膜肺炎的多发阶段。因此，应以控制传染性胸膜肺炎为重点。可在猪转群后，在饲料中添加氟苯尼考＋磺胺类等抗菌药物，连续添加 1～2 周。

四、疫病诊断监测技术

随着畜牧兽医技术的不断进步，在享用新技术带来进步的同时却惊异地发现猪越来越难养，猪病越来越多。引种前加强疫病监测，将外来病原控制在本场外；场内定期进行猪健康状况检查和免疫状态监测，定期进行病理剖检和实验室血清学监测，排除所有潜在的危害因素，及时淘汰野毒阳性猪和无治疗价值的猪，维持场内最大限度的健康群体。

（一）病原检测技术

病原检测分2种。一种是采用某种方法，如细菌培养、动物接种等直接检测某种病原微生物是否存在；另一种是采用PCR（聚合酶链式反应）等方法检测样品中某种病原微生物的核酸是否存在，从而间接反应某种病原微生物是否存在。第1种方法做起来费时费力，第2种方法方便快捷，在较短时间就能得到结果，所以目前病原检测主要采用的是第3种方法。

（二）抗体检测技术

抗体检测目前普遍采用的是ELISA方法，检测血清中某种病原的抗体含量。实验室目前主要使用的是已经商业化的成品试剂盒。

抗体检测试剂盒（胶体金法），系采用先进的胶体金免疫层析技术检测样本（全血、血清、血浆）中病原抗体的方法。整个试验只需20分钟，操作简便、快速、准确，灵敏度高、结果直观、容易判定。试剂盒内还设计一张"金标试纸与ELISA试验实物参照图"，用试纸检测线的颜色与实物参照图对照，便可粗略估计样品中抗体的滴度。

五、免疫接种

免疫接种是指用人工方法将有效疫苗引入动物体内使其产生特异性免疫力，由易感变为不易感的一种疫病预防措施，有组织有计划地进行免疫接种，在预防和控制传染病的过程过程中具有关键性作用。分为平时的预防性接种和发生疫情或受到疫病威胁时紧急接种两大类。

（一）免疫程序的制定

免疫程序是指根据一定地区、养殖场或特定动物群体内传染病的流行情况、动物健康状况和不同疫苗的特性，为特定动物群制定的接种计划，包括接种疫苗的类型、顺序、时间、次数和方法等规程和次序。

目前，没有适用于各地区和所有养猪场的固定的免疫程序，应根据当地的实际情况制定。

对于一个地区或猪场来说，制定免疫程序是一项非常负责而严肃的工作，应该考虑各方面的因素。凡是有条件作免疫监测的，最好根据免疫监测结果即抗体水平变化结合实际经验来指导、调整免疫程序。

免疫程序的制定，至少考虑以下几个方面的因素。

当地疫病流行情况及严重程度，母源抗体水平，上一次免疫接种引起的残留抗体水平，动物的免疫应答能力，疫苗的种类和性质，免疫接种的方法和途径，各种疫苗的配合，对动物健康和生产力的影响。这8个方面的因素是相互联系、相互制约的，必须统筹考虑。一般来说，免疫程序的制定首先要考虑当地疾病的流行情况及严重程度，据此才能决定需要借助什么种类的疫苗，达到什么样的免疫水平。首次免疫时间的确定，除了考虑疾病的流行情况外，主要取决于母源抗体的水平。

（二）疫苗种类

1. 弱毒活疫苗

弱毒活疫苗指通过人工致弱或筛选的自然弱毒株，但仍保持良好的抗原性和遗传特性的毒株，用以制备的疫苗，如猪瘟兔化弱毒疫苗及猪蓝耳病弱毒疫苗。弱毒活疫苗的特点是：疫苗能在动物体内繁殖，接种少量的免疫剂量即可产生坚强的免疫力，接种次数少，不需要使用佐剂，免疫产生快，免疫期长。其缺点是：稳定性较差，有的毒力可能发生突变、返祖，贮存与运输不方便。

2. 灭活疫苗

将病原微生物经理化方法灭活后，仍然保持免疫原性，接种动物后能使其产生自动免疫，这类疫苗称为灭活疫苗。如 O 型猪口蹄疫灭活疫苗和猪气喘病灭活疫苗等。本疫苗的特点是：疫苗性质稳定，使用安全，易于保存与运输，便于制备多价苗或多联苗。其缺点是：疫苗接种后不能在动物体内繁殖，因此使用时接种剂量较大，接种次数较多，免疫期较短，不产生局部免疫力，并需要加入适当的佐剂以增强免疫效果。本疫苗包括组织灭活疫苗和培养物灭活疫苗，加入佐剂后又称氢氧化铝胶灭活疫苗和油佐剂灭活疫苗等。

3. 基因缺失疫苗

用基因工程技术将强毒株毒力相关基因切除后构建的活疫苗，如伪狂犬病毒 TK-、gE-、gG-缺失疫苗。本疫苗的特点是：安全性好，不易返祖；免疫原性好，产生免疫力坚实；免疫期长，尤其是适于局部接种，诱导产生黏膜免疫力。

4. 多价疫苗

多价疫苗指将同一种细菌或病毒的不同血清型混合而制成的疫苗，如猪链球菌病多价血清灭活疫苗和猪传染性胸膜肺炎多价血清灭活疫苗等。其特点是：对多血清型的微生物所致疫病的动物可获得完全的保护力，而且适于不同地区使用。

5. 联合疫苗

联合疫苗指由两种以上的细菌或病毒联合制成的疫苗，如猪丹猪、猪巴氏杆菌二联灭活疫苗和猪瘟、猪丹毒、猪巴氏杆菌三联活疫苗。其特点是：接种动物后能产生相应疾病的免疫保护，减少接种次数，使用方便，打一针防多病。但当前在猪病的免疫预防上还是使用单苗免疫效果好，多联苗免疫效果不确切，尽可能少用。

除此之外，还有类毒素疫苗、亚单位疫苗、基因工程重组活载体疫苗、核酸疫苗、合成肽疫苗、抗独特型疫苗及转基因植物疫苗等，部分有待于进一步开发，才能用于猪病的防制实践。

（三）疫苗保管

1. 冷冻真空干燥疫苗

大多数的活疫苗都采用冷冻真空干燥的方式冻干保存，可延长疫苗的保存时间，保持疫苗的效价。病毒性冻干疫苗常在 -15℃以下保存，一般保存期 2 年。细菌性冻干疫苗在 -15℃保存时，一般保存期 2 年；2~8℃保存时，保存期 9 个月。

2. 油佐剂灭活疫苗

这类疫苗为灭活疫苗，以白油为佐剂乳化而成，大多数病毒性灭活疫苗采用这种方式。油佐剂疫苗注入肌肉后，疫苗中的抗原物质缓慢释放，从而延长疫苗的作用时间。这类疫苗 2~8℃保存，禁止冻结。

3. 铝胶佐剂疫苗

铝胶佐剂疫苗以铝胶按一定比例混合而成，大多数细菌性灭活疫苗采用这种方式。疫苗作用时间比油佐剂疫苗快。2~8℃保存，不宜冻结。

4. 蜂胶佐剂灭活疫苗

蜂胶佐剂灭活疫苗是以提纯的蜂胶为佐剂制成的灭活疫苗。蜂胶具有增强免疫的作用，可增加免疫的效果，减轻注苗反应。这类灭活疫苗作用时间比较快，但制苗工艺要求高，需高浓缩抗原配苗。2~8℃保存，不宜冻结，用前充分摇匀。

（四）疫苗使用

不同的疫苗，同一种接种方法，其使用的稀释液也不尽相同。病毒性活疫苗注射免疫时，应用灭菌的生理盐水或蒸馏水稀释；细菌性活疫苗必须使用铝胶生理盐水稀释；口服免疫可用冷开水或井水稀释。某些特殊的疫苗，需使用厂家配用的专用稀释液。使用的稀释液要尽可能减少热原反应，质量不能出现问题，否则会造成免疫接种失败。

1. 免疫方法、剂量

（1）皮下注射　皮下注射是目前使用最多的一种方法，大多数疫苗都是经这一途径免疫。皮下注射是将疫苗注入皮下组织后，经毛细血管吸收进入血流，通过血液循环到达淋巴组织，从而产生免疫反应。注射部位多在耳根皮下，皮下组织吸收比较缓慢而均匀，油类疫苗不宜皮下注射。

（2）肌内注射　肌内注射是将疫苗注射于肌肉内。注射时注意针头要足够长，以保证疫苗确实注入肌肉里。

（3）零时免疫　又称超前免疫，是指在仔猪未吃初乳时注射疫苗，注苗后 1~2 小时才给吃初乳。目的是避开母源抗体的干扰和使疫苗毒尽早占领病毒复制的靶位点，尽可能早刺激产生基础免疫。这种方法常用在猪瘟的免疫。

（4）滴鼻接种　滴鼻接种是属于黏膜免疫的一种。黏膜是病原体侵入的最大门户，有 95% 的感染发生在黏膜或由黏膜侵入机体，黏膜免疫接种既可刺激产生局部免疫，又可建立针对相应抗原的共同黏膜免疫系统工程；黏膜免疫系统能对黏膜表面不时吸入或食入的大量种类繁杂的抗原进行准确的识别并作出反应，对有害抗原或病原体产生高效体液免疫反应和细胞免疫反应。目前使用比较广泛的是猪伪狂犬病基因缺失疫苗的滴鼻接种。

（5）气管内注射和肺内注射　这两种方法多用在猪喘气病的预防接种。

（6）穴位注射　在注射有关预防腹泻的疫苗时多采用后海穴注射，能诱导较好免疫反应。

2. 免疫注意事项

（1）疫苗的检查　使用前应检查药品的名称、厂家、批号、有效期、物理性状和贮存条件等是否与说明书相符。仔细查阅使用说明书与瓶签是否相符，明确装置、稀释液、每头剂量、使用方法及有关注意事项，并严格遵守，以免影响效果。对过期、无批号、油乳剂破乳、失真空及颜色异常或不明来源的疫苗禁止使用。

（2）严格消毒　预防注射过程应严格消毒。注射器、针头应洗净煮沸 10～15 分钟备用。每注射一栏猪更换一枚针头，防止传染。吸药时，绝不能用已给动物注射过的针头吸取，可用一个灭菌针头，插在瓶塞上不拔出、裹以挤干的酒精棉花专供吸药用，吸出的药液不应再回注瓶内。接种部位以 3% 碘酊消毒为宜，以免影响疫苗活性。免疫弱毒菌苗前后 7 天不得使用抗生素和磺胺类等抗菌药物。免疫接种完毕，将所有用过的苗瓶及接触过疫苗液的瓶、皿和注射器等消毒处理。

（3）注射方法正确　注射器刻度要清晰，不滑杆、不漏液；注射的剂量要准确，不漏注、不白注；进针要稳，拔针宜速，不得打"飞针"，以确保苗液真正足量注射于肌体内。

第四节　常见传染病的综合防治

猪的常见传染病以病毒性疾病危害最大，在很多情况下呈暴发现象。一旦出现症状，说明猪已经遭到严重感染，很快使抵抗力降低，继发其他的传染病，常常给猪场造成较大的经济损失。目前，许多的病毒性疾病均无有效药物预防与治疗，多数病毒病已有预防的疫苗。因此，在合理免疫条件下，加强饲养管理，结合生物安全控制就成为养猪成败的关键所在。细菌性病危害相对较小，一般加强饲养管理、合理使用抗菌药物有效，极个别细菌性疾病比较顽固。

一、流行性腹泻

猪流行性腹泻是猪的一种急性肠道传染病，临床以排水样便、呕吐、脱水为特征。

（一）临床症状

病猪体温稍升高或正常，精神沉郁，食欲减退，继而排水样便、呕吐、脱水为特征。粪便呈灰黄色或灰色。年龄越小症状越重。

（二）防治措施

防制参照猪传染性胃肠炎。

二、猪传染性胃肠炎

猪传染性胃肠炎是由冠状病毒引起的一种高度接触性传染病。临床症状特征为严重呕吐、腹泻、脱水。本病呈世界性分布。

（一）临床症状

潜伏期很短，一般为 15～18 小时，有的长达 2～3 天。本病传播迅速，数日内可蔓延全群。仔猪突然发病，首先呕吐，继而发生频繁水样腹泻，粪便黄色、绿色或白色，常夹有未消化的凝乳块。其特征是含有大量电解质、水分和脂肪，呈碱性。病猪极度口渴，明显脱水，体重迅速减轻，日龄越小、病程越短，病死率越高。10 日龄以内的仔猪多在 2～7 天死亡，如母猪发病或泌乳量减少，小猪得不到足够的乳汁，营养严重失调，会导致病情加剧，小猪病死率增加。随着日龄的增长，病死率逐渐降低。病愈仔猪生长发育不良。

幼猪、肥猪和母猪的临诊症状轻重不一，通常只有 1 天至数天出现食欲不振或废绝。个别猪有呕吐，出现灰色、褐色水样腹泻，呈喷射状，5～8 天腹泻停止而康复，极少死亡。某些哺乳母猪与仔猪密切接触，反复感染，临诊症状较重，体温升高、泌乳停止，呕吐和腹泻。但也有一些哺乳母猪与病仔猪接触，而本身并无临诊症状。

（二）防治措施

1. 预防

本病尚无有效的治疗药物，在患病期间大量补充葡萄糖氯化钠溶液，供给大量清洁饮水和易消化的饲料，可使较大的病猪加速恢复。特别注意不从疫区引种，以免病原传入。应强化猪场的卫生管理，定期消毒，免疫预防是防制该病的有效方法。

2. 治疗

可采取补饲多种维生素、葡萄糖、微量元素等，并结合抗生素类药物进行消炎，如氟哌酸、磺胺脒等口服或肌内注射蒽诺沙星、氧氟沙星、痢菌净等。呕吐病例可使用硫酸阿托品等，若体温下降可注射安钠咖或樟脑磺酸钠等。中药用马齿苋、积雪草等，可防止继发感染，减轻临诊症状。应用口服补液盐（氯化钠3.5 克，碳酸氢钠 2.5 克，氯化钾 1.5 克，葡萄糖 20 克，加温水1 000毫升）供猪自饮或灌服，疗效显著，康复迅速。

三、猪瘟

猪瘟是一种急性、热性传染病。临床特征为持续高热，高度沉郁，拉干屎，有化脓性结膜炎，皮肤有许多小出血点，发病率和病死率极高。猪瘟流行最广，世界各国均有发生，在我国也极为普遍，造成的经济损失极大。若病程较长，在病发展的后期常有猪沙门氏菌或猪巴氏杆菌等继发感染，使病症和病理变化呈现复杂化。

（一）临床症状

潜伏期 5～7 天。根据症状和其他特征，可分为急性、慢性和迟发性 3 种类型。

1. 最急性型

多见于新疫区发病初期。病猪常无明显症状，突然死亡。未死亡猪可见食欲减少，沉郁，体温升至 41～42℃，眼、鼻黏膜充血，极度衰弱。病程 1～2 天，死亡率极高。

2. 急性型

病猪高度沉郁，减食或拒食，怕冷挤卧，体温持续升高至41℃左右，先便秘，粪干硬呈球状，带有黏液或血液，随后下痢，有的发生呕吐。病猪有结膜炎，两眼有多量黏性或脓性分泌物。步态不稳，后期发生后肢麻痹。皮肤先充血，继而变成紫绀，并出现许多小出血点，以耳、四肢、腹下及会阴等部位最为常见。

公猪包皮炎，用手挤压，有恶臭浑浊液体射出。少数病猪出现惊厥、痉挛等神经症状。病程 10～20 天死亡。

3. 慢性型

病猪症状不规则，体温时高时低，食欲时好时坏，便秘与腹泻交替出现。继而病猪症状加重，体温升高不降，皮肤有紫斑或坏死，日渐消瘦，全身衰弱，病程 1 个月以上，甚至 3 个月。

4. 迟发性型

迟发性型是先天性感染低毒猪瘟病毒的结果。胚胎感染低毒猪瘟病毒后，如产出正常仔猪，则可终生带毒，不产生对猪瘟病毒的抗体，表现免疫耐受现象。感染猪在出生后几个月可表现正常，随后发生减食、沉郁、结膜炎、皮炎、下痢及运动失调症状，体温正常，大多数猪能存活 6 个月以上，但最终不免死亡。

先天性的猪瘟病毒感染，可导致流产、木乃伊胎、畸形、死产、产出有颤抖症状的弱仔或外表健康的感染仔猪。子宫内感染的仔猪，皮肤常见出血，且初生猪的死亡率很高。

近年来，我国出现一些"温和型猪瘟（非典型猪瘟）"。温和型猪瘟是侵害小猪的一种慢性猪瘟，由低毒株病毒引起，病猪症状轻微，病情发展缓和，对幼猪可以致死。病猪临诊症状较轻，体温一般在 40～41℃。有的病猪耳尾、四肢末端皮肤坏死，发育停滞，到后期站立不稳、后肢瘫痪，部分跗关节肿大。

（二）防治措施

1. 预防

（1）平时的预防措施　提高猪群的免疫水平，防止引入病猪，切断传播途径，广泛持久地开展猪瘟疫苗的预防注射，是预防猪瘟发生的重要环节。疫苗的保存、运输、稀释和注射一定要按说明进行，不使用过期疫苗。

（2）流行时的防治措施　封锁疫点：在封锁地点内停止生猪及猪产品的集市买卖和外运，猪群不准放牧。最后一头病猪死亡或处理后 3 周，经彻底消毒，可以解除封锁。

对仔猪可采用乳前免疫，具体方法是在仔猪出生后半小时内注射 1～2 头份剂量疫苗，注射后 2 小时方可让仔猪吃初乳。然后再于 40 日龄左右注射疫苗。

处理病猪：对所有猪进行测温和临床检查，病猪以急宰为宜，急宰病猪的血液、内脏和污物等应就地深埋，肉经煮熟后可以食用。污染的场地、用具和工作人员都应严格消毒，防止病毒扩散。可疑病猪予以隔离。

对有带毒综合征的母猪，应坚决淘汰。这种母猪虽不发病，但可经胎盘感染胎儿，引起死胎、弱胎，生下的仔猪也可能带毒，这种仔猪对免疫接种有耐受现象，不产生免疫应答，而成为猪瘟的传染源。

紧急预防接种：对疫区内的假定健康猪和受威胁区的猪，立即注射猪瘟兔化弱毒疫苗，剂量可增至常规量的 6～8 倍。

彻底消毒：病猪圈、垫草、粪水、吃剩的饲料和用具均应彻底消毒，最好将病猪圈的表土铲出，换上一层新土。在猪瘟流行期间，对饲养用具应每隔 2～3 天消毒 1 次，碱性消毒药（如火碱、生石灰，冬季可用氢氧化钠溶液加 5% 的盐）均有良好的消毒效果。

2. 治疗

尚无有效的化学药物，而用高免血清治疗又很不经济。一般现在仍普遍采用紧急加大 6～10 倍量预防注射。

四、口蹄疫

口蹄疫是由口蹄疫病毒引起的偶蹄兽（牛、羊、猪等）的一种急性、热性、高度接触性传染病。临床特征为口腔黏膜、蹄部和乳房皮肤形成水泡和糜烂，部分病猪口腔黏膜和鼻盘也有同样变化。近年来，在多个地方有散发和流行的趋势。

（一）临床症状

潜伏期 1~2 天。临床表现主要在蹄部，病初体温升高 40~41℃，病猪精神不振，食欲减少，常见蹄冠、蹄叉、蹄踵等部位红肿、敏感，并且形成米粒大至蚕豆大水泡。若无细菌感染，水泡破裂形成糜烂，经 7 天左右可痊愈。当继发感染侵害蹄叶时，可出现蹄甲脱落，病猪则卧地不起。部分病猪的口腔黏膜、鼻盘和哺乳母猪的乳头，也常见到水泡和烂斑，乳房病灶较多。吃乳仔猪患口蹄疫时，很少见到小水泡和烂斑，而常见胃肠炎和急性心肌炎，多发生突然死亡。

（二）防制措施

1. 预防

目前，我国使用的口蹄疫疫苗一般注射 14 天后可产生免疫力。但应注意，牛、羊等动物的疫苗不要用于猪体免疫，因为接种牛疫苗后有时可使猪患病。猪注射疫苗后可产生 3~6 个月的免疫力。平时对猪要定期注射疫苗，母猪每年都要进行 3 次以上注射。对病猪和同群猪要实行彻底扑杀，病尸应焚烧和深埋，有利用价值的可经高温处理后就地食用。凡与病猪接触的工作人员要进行严格消毒，以防人为传播疫情。

2. 严格检疫隔离消毒

一旦发现有口蹄疫病，要及时上报疫情。疫区要进行严格检疫隔离消毒，封锁出入。猪群活动场所等用1%～2%氢氧化钠溶液或甲醛溶液喷洒。

3. 扑灭措施

无病国家一旦暴发本病应采取屠宰患病动物、消灭疫源的扑灭措施；已消灭了本病的国家通常采取禁止从有病国家输入活动物或动物产品，杜绝疫源传入；有本病的国家或地区，多采取以检疫诊断为中心的综合防制措施，一旦发现疫情，应按"早、快、严、小"的原则，立即实现封锁、隔离、检疫、消毒等措施，迅速通报疫情，查源灭源，并对易感动物群进行预防接种，以及时拔除疫点。在疫点内最后一头患病动物痊愈或屠宰后14天，未再出现新的病例，经全面消毒后可解除封锁。

五、猪伪狂犬病

猪伪狂犬病是由伪狂犬病毒引起的一种急性传染病。临床特征因年龄不同也有差异：哺乳仔猪出现发热和神经症状，成年猪呈隐性感染，怀孕母猪出现流产、产死胎等。

（一）临床症状

猪伪狂犬病的发病情况随年龄差异很大。

病症：发病初期体温突然升高41～42℃，精神高度沉郁，食欲废绝。但随年龄不同也有差异。初生至3周龄以内的哺乳仔猪常表现为最急性型，常常在未出现神经症状时就迅速衰竭，昏迷，发生败血症而死亡，病程多在24小时内死亡，死亡率一般为95%～100%。3周龄后的仔猪可见有呕吐或腹泻。当侵害中枢神经时，可出现典型神经综合症状。4月龄以上猪感染后可表现体温升高以及明显的上呼吸道和肺炎症状。有的可见呕吐和腹泻，有的出现神经症状而死亡。5月龄以上的大猪，一般为隐性感染或呈一过性的发热，厌食，咳嗽，便秘等。一般不出现死亡。

妊娠母猪在怀孕的第 1 个月中感染本病，可于 20 天左右出现流产。若在妊娠 40 天以上感染时，常有流产、死胎、延迟分娩等现象，其胎儿大小相差不显著，无畸形胎。流产胎儿大多新鲜，脑和臀部皮肤有出血点，内脏有灰白色坏死点。若在妊娠后期感染本病，母猪仍保留胎儿，由于子宫内感染，约有 50% 的母猪出现死胎、流产和产出无生活力的胎儿，有的仔猪可于生后不久即见呕吐、腹泻和神经症状，多于 2 天内死亡。

（二）防治措施

1. 预防

（1）猪场应及时注射伪狂犬病疫苗　成猪一年需要注射 2 次弱毒疫苗或油苗，怀孕母猪产前 1 个月注射 1 次，免疫母猪所产仔猪于 15 日龄注射弱毒疫苗，同时肌内注射灭活疫苗；疫区内未注射疫苗的母猪所产的仔猪在哺乳期和断奶后各注射 1 次弱毒疫苗；3 月龄猪注射弱毒疫苗的同时应肌内注射灭活疫苗。

（2）搞好猪场卫生消毒　尤其应注意消灭猪场内的老鼠。坚持自繁自养，严禁从疫区引进种猪。消灭各种应激和不利因素。

（3）发病控制　本病一旦发生，可立即注射免疫血清进行治疗。治愈猪要隔离饲养。无血清治疗时，要彻底淘汰发病猪。对于健康猪，无论大小一律进行紧急注射疫苗。同时严格封锁疫区，对于发病圈舍的场地、物品进行彻底消毒。消毒药可使用 2% 的热烧碱水或甲醛等。

2. 治疗

目前，本病无特效药物治疗，要注重预防。临床上用伪狂犬病疫苗注射有助于疾病的净化。

六、蓝耳病

本病以妊娠母猪的繁殖障碍（流产、死胎和木乃伊胎）及各种年龄猪特别是仔猪的呼吸道疾病为特征，现已经成为规模化猪场的主要疫病之一。

本病曾称为"神秘猪病"、"新猪病"、"猪流行性流产和呼吸综合征"、"猪繁殖与呼吸综合征"、"蓝耳病"和"猪瘟疫"等，我国将其列为二类传染病。

（一）临床症状

本病的潜伏期差异较大，引入感染后易感猪群发生 PRRS 的潜伏期，最短为 3 天，最长为 37 天。本病的临诊症状变化很大，且受病毒株、免疫状态及饲养管理因素和环境条件的影响。低毒株可引起猪群无临诊症状的流行，而强毒株能够引起严重的临诊疾病，临诊上可分为急性型、慢性型和亚临诊型等。

1. 急性型

发病母猪主要表现为精神沉郁、食欲减少或废绝、发热，出现不同程度的呼吸困难，妊娠后期（105～107 天），母猪发生流产、早产、死胎、木乃伊胎和弱仔。母猪流产率可达 50%～70%，死产率可达 35% 以上，木乃伊可达 25%，部分新生仔猪表现呼吸困难，运动失调及轻瘫等症状，产后 1 周内死亡率明显增高（40%～80%）。少数母猪表现为产后无乳、胎衣停滞及阴道分泌物增多。

1 月龄仔猪表现出典型的呼吸道症状，呼吸困难，有时呈腹式呼吸，食欲减退或废绝，体温升高到 40℃ 以上，腹泻。被毛粗乱，共济失调，渐进性消瘦，眼睑水肿。少部分仔猪可见耳部和体表皮肤发紫，断奶前仔猪死亡率可达 80%～100%，断奶后仔猪的增重降低，日增重可下降50%～75%，死亡率升高（10%～25%）。耐过猪生长缓慢，易继发其他疾病。

生长猪和育肥猪表现出轻度的临诊症状，有不同程序的呼吸系统症状，少数病例可表现出咳嗽及双耳背面、边缘、腹部及尾部皮肤出现深紫色。感染猪易发生继发感染，并出现相应症状。

种公猪的发病率较低，主要表现为一般性的临诊症状，但公猪的精液品质下降，精子出现畸形，精液可带毒。

2. 慢性型

这是目前在规模化猪场PRRS表现的主要形式。主要表现为猪群的生产性能下降，生长缓慢，母猪群的繁殖性能下降，猪群免疫功能下降，易继发感染其他细菌性和病毒性疾病。猪群的呼吸道疾病（如支原体感染、传染性胸膜肺炎、链球菌病、附红细胞体病）发病率上升。

3. 亚临诊型

感染猪不发病，表现为PRRSV的持续性感染，猪群的血清学抗体阳性，阳性率一般在10%～88%。

（二）防治措施

①坚持自繁自养的原则，建立稳定的种猪群，不轻易引种。如必须引种，首先要搞清所引猪场的疫情。此外，还应进行血清学检测，阴性猪方可引入，坚决禁止引入阳性带毒猪。引入后必须建立适当的隔离区，做好监测工作，一般需隔离检疫4～5周，健康者方可混群饲养。

②规模化猪场要彻底实现全进全出，至少要做到产房和保育两个阶段的全进全出。

③建立健全规模化猪场的生物安全体系，定期对猪舍和环境进行消毒。保持猪舍、饲养管理用具及环境的清洁卫生。一方面

可防止外面疫病的传入，另一方面通过严格的卫生消毒措施把猪场内的病原微生物的污染降低到最低限，可以最大限度地控制和降低 PRRSV 感染猪群的发生率和继发感染机会。

④做好猪群饲养管理。在猪繁殖与呼吸综合征病毒感染猪场，应做好各阶段猪群的饲养管理，用好料，保证猪群的营养水平，以提高猪群对其他病原微生物的抵抗力，从而降低继发感染的发生率和由此造成的损失。

⑤做好其他疫病的免疫接种，控制好其他疫病，特别是猪瘟、猪伪狂犬和猪气喘病的控制。在猪繁殖与呼吸综合征病毒感染猪场，应尽最大努力把猪瘟控制好，否则会造成猪群的高死亡率；同时应竭力推行猪气喘病疫苗的免疫接种，以减轻猪肺炎支原体对肺脏的侵害，从而提高猪群肺脏对呼吸道病原体感染的抵抗力。

⑥定期对猪群中猪繁殖与呼吸综合征病毒的感染状况进行监测，以了解该病在猪场的活动状况。一般而言，每季度监测一次，对各个阶段的猪群进行采样进行抗体监测。如果 4 次监测抗体阳性率没有显著变化，则表明该病在猪场是稳定的。相反，如果在某一季度抗体阳性率有所升高，说明猪场在管理与卫生消毒方面存在问题。应加以改正。

⑦对发病猪场要严密封锁；对发病猪场周围的猪场也要采取一定的措施，避免疾病扩散，对流产的胎衣、死胎及死猪都做好无害处理，产房彻底消毒；隔离病猪，对症治疗，改善饲喂条件等。

⑧关于疫苗接种。总的来说目前尚无十分有效的免疫防制措施。目前国内外已推出商品化的 PRRS 弱毒疫苗和灭活苗，国内也有正式批准的灭活疫苗。然而，PRRS 弱毒疫苗的返祖毒力增强的

现象和安全性问题日益引起人们的担忧。国内外有使用弱毒疫苗而在猪群中引起多起 PRRS 的暴发。因此，应慎重使用活疫苗。虽然灭活疫苗的免疫效力有限或不确定，但从安全性角度来讲是没有问题的。因此，在感染猪场，可以考虑给母猪接种灭活疫苗。

七、猪细小病毒病

猪细小病毒病是由猪细小病毒（PPV）感染引起繁殖障碍性疾病，特别是初产母猪，导致死胎、畸形和木乃伊；PPV 还能引起仔猪的皮肤炎症和初生猪肠炎性腹泻死亡，而母猪不显任何症状的一种传染病。

（一）临床症状

主要症状是母猪的繁殖障碍。临床表现情况决定于病毒所感染母猪妊娠的时间。30 天以前感染时，胚胎常发生死亡，以致重新吸收。此时母猪在吸收胎儿后，消除传染源，母猪重新发情，但出现不孕现象。若胎儿在 30～70 天感染细小病毒，此时可致胎儿死亡和胎儿木乃伊化，母猪外观可见腹围慢慢由大变小。在 70 天以后感染的胎儿，由于有免疫反应，一般胎儿可存活下来。另一种情况是多次发情而不受孕。

公猪的精液中可有病毒，但对性欲和精子的活力没有影响。

从临床发病情况观察，本病主要发生在第一胎孕猪，经产母猪很少发生二次感染。

Kresse 株 PPV 作为唯一病原感染时，被感染猪拱嘴、舌和蹄部的皮肤出现了病变，临床表现为厌食、腹泻和结膜炎，证明 PPV 可以导致皮肤炎症。

（二）防制措施

对于细小病毒病目前尚无特效药物，所以，平时应加强环境卫生消毒，用0.5%漂白粉溶液、2%烧碱水溶液作用5分钟才可以杀死病毒。对于母猪应在怀孕前注射疫苗进行预防。目前，我国已生产有猪细小病毒弱毒疫苗和灭活油乳苗。使用方法为母猪配种前4周注射1次，间隔2周重复注射1次，这样可有效地防制本病的发生。也可将后备母猪在配种前使其自然感染细小病毒，产生自动免疫，但应注意避免在妊振期感染病毒。配种前1周和配种以后应加强饲养管理，搞好卫生消毒。公猪每年注射1次疫苗。

八、猪乙型脑炎

乙型脑炎又称日本乙型脑炎，是由乙型脑炎病毒引起的人畜共患的一种急性传染病。家畜中以马的发病率和死亡率最高，猪主要表现高热、流产、死胎和睾丸炎，仅少数猪呈现神经症状。

（一）临床症状

潜伏期一般3～4天。4～6月龄的猪：通常突然发病，高热稽留，体温在40～41℃。患猪食少，精神沉郁而喜卧，粪干尿黄，有的病猪出现磨牙、麻痹、跛行。失明猪可见前冲后撞。病程一般几天，最长可达十几天。

妊娠母猪：患猪主要表现突然流产、早产、死胎或木乃伊，有的可产下成活的胎儿，但生下数周可发生全身痉挛症状。同一窝仔猪大小和病变有显著差异。1～2月死亡流产的胎儿，小的似拇指粗细，较大的其颜色呈黑褐色，而发育完全的胎儿则见全身水肿。

公猪：常在高热过后常出现睾丸肿大，多呈一侧性，偶尔有双侧性，严重的可见肿大1倍。触摸睾丸发热、有痛感，数日后开始消退，多数缩小变硬，丧失配种能力。

（二）防制措施

1. 预防

本病首先要消灭传染媒介——蚊子。填平圈舍附近的污水坑，黄昏时喷洒灭蚊药水。另外，在每年 4 ~ 5 月，蚊子来临前 1 个月注射乙脑灭活油苗或乙脑弱毒疫苗。第 1 年连续注射 2 次，每次间隔 14 天。以后每年在蚊虫出现前注射 1 次。

2. 治疗

本病目前尚无特效药物治疗。为促使患猪早日康复，除加强护理外，还要及时投服抗菌消炎药物、维生素等。对出现症状的公猪，可及时补注 2 倍量的乙脑疫苗，有助于恢复。

九、猪圆环病毒病

猪圆环病毒感染是由猪圆环病毒（PCV）引起的猪的一种新的传染病。其临诊表现多种多样，主要特征为体质下降、消瘦、贫血、黄疸、生长发育不良、腹泻、呼吸困难、母猪繁殖障碍和内脏器官及皮肤的广泛病理变化，特别是肾、脾脏及全身淋巴结的高度肿大、出血和坏死。本病还可导致猪群产生严重的免疫抑制，从而容易导致继发或并发其他传染病。

（一）临床症状

猪圆环病毒感染后潜伏期均较长，既或是胚胎期或出生后早期感染，也多在断奶以后才陆续出现临诊症状。PCV-2 感染可以引起以下多种病症。

1. 猪断奶多系统衰弱综合征（PMWS）

猪断奶多系统衰弱综合征通常发生于断奶仔猪，由 Clark 于 1997 年首次报道，随后美洲、欧洲和亚洲各国相继报道了该病。现已证实 PCV-2 是 PMWS 的重要病原，繁殖与呼吸综合征病毒、细小病毒、伪狂犬病病毒等病原混合感染和免疫刺激可以加重该病的危害程度。

患猪表现为精神欠佳、食欲不振、体温略偏高、肌肉衰弱无力、下痢、呼吸困难、眼睑水肿、黄疸、贫血、消瘦、生长发育不良，与同龄猪体重相差甚大，皮肤湿疹，全身性的淋巴结病，尤其是腹股沟、肠系膜、支气管以及纵隔淋巴结肿胀明显，发病率为5%～30%，死亡率为5%～40%不等，康复猪成为僵猪。剖检可见淋巴结肿大、肝硬变、多灶性黏液脓性支气管炎。

2. 皮炎和肾病综合征（PDNS）

皮炎和肾病综合征通常发生于8～18周龄的猪。在1993年首次报道于英国，随后在美国、欧洲和南非、亚洲均有报道。本病型除与PCV-2有关外，还与PRRSV、多杀性巴氏杆菌、霉菌毒素等的参与有关。发病率为0.15%～2%，有时候可高达7%。以会阴部和四肢皮肤出现红紫色隆起的不规则斑块为主要临诊特征。患猪表现皮下水肿，食欲丧失，有时体温上升。通常在3天内死亡，有时可以维持2～3周。

3. 增生性坏死性间质性肺炎

此病主要危害6～14周龄的猪，与PCV-2有关，还有其他病原参与。发病率为2%～30%，死亡率为4%～10%。

4. 繁殖障碍

PCV-1和PCV-2感染均可造成繁殖障碍，导致母猪返情率增加、产木乃伊胎、流产以及死产和产弱仔等。其中，以PCV-2引起的繁殖障碍更严重。

（二）防制措施

目前，控制PCV-2感染的主要措施包括：注射圆环病毒苗预防；加强环境消毒和饲养管理，减少仔猪应激，做好伪狂犬、猪繁殖与呼吸综合征、细小病毒病、喘气病和传染性胸膜肺炎等其他疫病的综合防制等。必要时可试用自家灭活苗预防。

定期在饲料中添加抗生素类药物如支原净、金霉素和阿莫西林等，对预防本病或降低发病率有一定作用，这主要是因为抑制了猪群中的一些常见细菌性病原体，增强了猪群抵抗力。对发病猪群最好淘汰，不能淘汰者使用上述药物同时配合对症治疗，可降低死亡率。

十、猪流行性感冒

猪流行性感冒是由猪流行性感冒病毒引起的一种急性和高度接触传染性呼吸道传染病。临床特点是突然发生，迅速传播，体温升高，咳嗽和呼吸困难。猪流感也能使人发病。

（一）临床症状

发病突然，一般第一头猪发病后，3 天内可波及全群感染。病猪体温可升高到 41～42℃，有的可更高。食欲减退或废绝，喜卧懒动，人员驱赶可勉强站起。呼吸可见高度困难，腹式呼吸。鼻流水样或黏液性分泌物，有的呈泡沫状。结膜发炎，剧烈咳嗽。有的关节疼痛不愿行走。病程在 1 周左右。怀孕母猪可出现流产、死胎、弱猪、木乃伊等。

（二）防制措施

1. 预防

平时对猪群应严格消毒，注意圈舍的清洁卫生，加强饲养管理，消除一切降低猪体抵抗力的不利因素。给猪群创造一个温暖舒适、安静的环境。尽量不在寒冷多雨、气候变化异常或多变的季节进行猪只的长途运输。一旦猪群发病，应立即封锁疫区，对发病区域进行严格消毒。

2. 治疗

首先注意对病猪加强护理，消除发病诱因，增加营养以提高抗病能力。同时应用药物治疗，解热镇痛可用安乃近或氨基比林，抗全身感染可用青霉素、卡那霉素、氨苄青霉素和奥复康等肌内注射。

第七章

经营管理

第一节　猪场管理方法

随着经济的发展、社会的进步和养猪水平的不断提高，规模化养殖的规模会不断地增加，以农村散养方式的比重会逐步地降低，这是中国养猪生产发展的必然趋势，近年生猪规模化养殖增加速度较快，但所占的比重只达到 1/3 左右，且管理水平较低，经济效益不理想，要改变现状，推进生猪产业的发展，需要尽快建立和完善现代化规模猪场的生产管理模式，并在实践中认真地贯彻执行，同时要在生产实践中不断地加以改进和完善，方能有效地促进我国养猪生产高速发展。

一、正规化管理

（一）企业文化管理

一个成功企业的发展离不开企业文化，猪场也如此，确立企业目标，树立企业理念，形成具有特色的文化对猪场发展来说非常重要。人是企业发展重要资源，要通过事业感召人，文化凝聚人，工作培养人，机制激励人，纪律规范人，绩效考核人。建立健全高效的管理机制，改变陈旧观念，改变落后的低效的管理机制，造就一批适应现代化养猪的人才。因此，一个规范化的现代猪场，也应根据企业自身的实际，确定目标、树立理念、创立品牌、形成特色，方能做大做强。

（二）生产指标绩效管理

生产指标绩效管理是建立完善生产绩效考核、激励机制，对生产线员工进行生产指标绩效管理。规模化猪场最适合的绩效考核奖罚方案是以车间为单位的生产指标绩效工资方案。规模化猪场每条生产线是以车间为单位组织生产的，譬如，一般规模化猪场分为配种、产仔、保育和生长育肥4个生产阶段或配种、产仔保育和生长育肥3个生产阶段，但是，不管是哪种生产阶段，每个阶段之间和每个阶段内的员工之间的工作都是紧密相关的，所以承包到人的方法不可取。生产线员工的任务是搞好养猪生产、把生产成绩搞上去，所以对他们也不适合于搞利润指标承包，只适合于搞生产指标奖罚。生产指标绩效工资方案就是在基本工资的基础上增加一个浮动工资即生产指标绩效工资。生产指标也不要过多过细，以免造成结算困难，也突出不了重点，比如，配种妊娠车间生产指标绩效工资方案中指标只有配种分娩率与胎均活产仔数。

二、制度化管理

一个规范化猪场应建立健全猪场各项规章制度，如员工守则及奖罚条例、员工休请假考勤制度、会计出纳、电脑员岗位责任制度、水电维修工岗位责任制度、机动车司机岗位责任制度、保安员门卫岗位责任制度、仓库管理员岗位责任制度、消毒更衣房管理制度、销售部管理制度、办公室管理制度和人力资源管理制度等。运用制度管理人，而不用人管人的办法来指挥生产。

三、流程化管理

由于现代规模化猪场，其周期性和规律性相当强，生产过程环环相联，因此，要求全场员工对自己所做的工作内容和特点要非常清晰明了，做到每周每日工作事事清，每周每日工作流程项项明。

现代规模化猪场在建场之前，其生产工艺流程就已经确定。生产线的生产工艺流程至关重要，如哺乳期多少天、保育期多少天、各阶段的转群日龄、全进全出的空栏时间等等都要有节律性，是固定不变的。只有这样，才能保证猪场满负荷均衡生产。

四、规程化管理

在猪场的生产管理中，各个生产环节细化的科学饲养管理技术操作规程是重中之重，是搞好猪场生产的基础。规范化猪场应根据有关材料和自身的实际情况专门整理出《规模化猪场标准化生产技术》规程，作为猪场规程化管理的范本。

饲养管理技术操作规程有：隔离舍操作规程、配种妊娠舍操作规程、人工授精操作规程、分娩舍操作规程、保育舍操作规程及生长育肥舍操作规程等。猪病防治操作规程有：兽医临床技术操作规程、卫生防疫制度、免疫程序、驱虫程序、消毒制度、预防用药及保健程序等。

五、数字化管理

（一）数字化管理过程

每一个猪场都有各种猪场记录，如采精记录、配种记录、产仔记录、防疫记录、治疗记录、死亡记录、各类饲料消耗记录、种猪或育肥猪出售头数以及各个生产阶段的成本核算记录。因此，要建立一套完整的科学的生产线数字体系，并用电脑管理软件系统进行统计、汇总及分析，及时发现生产上存在的问题并及时解决，这就是数字化管理的过程。

一个管理成熟的猪场，在平时的工作中会每天、每周、每月、每季度及每年来综合计算配种受胎率、产仔数、出生重、断乳重、35 天或 70 天体重、日增重、饲料利用率、屠宰率、瘦肉率、背膘厚及出栏率等这样一些生产指标，以便作同期对比。或作不同品种，不同饲料配方、不同饲养管理方法的对比，或不同猪场之间进行对比，从而找出管理的差距，以便改进工作，提高效益。

(二) 猪场数字化管理好处

采用数字化管理的猪场，可以提高基础母猪的生产力。既可增加年提供出栏合格种猪或育肥猪的头数，从而降低生产成本，也可以找出盈亏的原因，并及时采取措施，开源节流，减少饲料和物资的浪费，奖罚制度严明，承包责任制落实，力争在行情好的时候多盈利，行情低迷的时候少亏本，大大提高猪场经济效益。

六、信息化管理

为了使企业在管理上跟上时代的发展，适应信息社会及网络经济下的市场竞争环境，运用先进的管理手段提高工厂的工作及管理效率，必须借助于网络及计算机等现代化的环境及工具。这就要求企业本身要注重信息化的发展，而信息化的健康发展就必须有一个好的管理制度来保障，借以创造及巩固企业好的信息化发展的软环境及硬环境。因此规模化猪场要建立和完善《猪场信息化工作管理制度》。

作为养猪企业的管理者，要有掌握并利用市场信息、行业信息、新技术信息的能力，并运用掌握的信息对猪场进行管理；应对本企业自身因素以及企业外各种政策因素、市场信息和竞争环境进行透彻的了解和分析，及时采取相应的对策；力求做到知已知彼，以求百战不殆，为企业调整战略、为顾客提供满意的高质量产品和做好服务提供依据。

第二节　猪场组织架构、岗位定编及责任分工

一、猪场主要组织架构图

猪场主要组织架构图如图 7－1 所示。

场长									
生产副场长			供销副场长		财会	办公后勤			
畜牧科			兽医科	供应科	销售科				
育种配种组	分娩保育组	生长育肥组	兽医	供应	销售	会计	出纳	水电	运输	保安	食堂其他

图 7－1　猪场主要组织架构图

二、岗位定编及责任分工

（一）岗位定编

规模猪场的人员编制一般包括场长、副场长、财会、生产线主管、后勤主管、畜牧师、兽医师、供销员、配种员和饲养员等。后勤人员按实际岗位需要设置人数，如后勤主管、会计出纳、司机、维修工、保安门卫、炊事员、和勤杂工等。在确定人员编制时应留有一定的余地，并应充分考虑到各类人员节假日的轮休及带班安排。

（二）责任分工

以逐级管理、分工明确、场长负责制为原则。具体工作专人负责；既有分工，又有合作；下级服从上级；重点工作协作进行，重要事情通过场领导班子研究解决。

1. 场长

场长负责猪场的全面工作。负责制定和完善本场的各项管理制度、技术操作规程及后勤保障工作的管理；负责制定具体的实施措施，落实和完成猪场各项任务；及时协调各部门之间的工作关系；负责监控本场的生产情况，员工工作情况和卫生防疫，及时解决出现的问题；负责编排全场的经营生产计划，物资需求计划；负责全场的生产报表，并督促做好月结工作、周上报工作；做好全场员工的思想工作，及时了解员工的思想动态，出现问题及时解决，及时向上级反映员工的意见和建议；负责全场直接成本费用的监控与管理；负责落实和完成猪场下达的全场经济指标；负责全场生产线员工的技术培训工作，每周或每月主持召开生产例会。直接管辖生产线主管，通过生产线主管管理生产员工。

2. 生产线主管

生产线主管负责生产线日常工作，并协助场长做好其他工作。负责执行饲养管理技术操作规程、卫生防疫制度和有关生产线的管理制度，并组织实施；负责生产线报表工作，随时做好统计分析，以便及时发现问题并解决问题；负责猪病防治及免疫注射工作；负责生产线饲料、药物等直接成本费用的监控与管理；负责落实和完成场长下达的各项任务。直接管辖组长，通过组长管理员工。

3. 畜牧技术人员岗位职责

①负责生产技术管理工作，监督检查技术措施的落实。

②配合场部各种生产操作规程和岗位责任制度的制定，贯彻执行情况的督促、检查。

③落实猪只各阶段的饲养管理和操作规程的技术指导工作。

④负责落实猪群的环境卫生（通风、保温、防暑），安排全场的卫生与消毒工作。

⑤制订育种、选种、选配方案；制订猪群更新淘汰、产仔、出售以及猪群的周转计划。

⑥根据猪群生产周转计划，落实猪群周转，公母分群及待售小种猪存栏统计。

⑦负责猪群各阶段生长跟踪档案，并做好出栏猪的料肉比、生长日龄的统计工作。

⑧负责生产线报表工作，协助统计员做好统计与日报表的完成和生产分析，以便及时发现问题并解决问题。

⑨协助兽医技术人员执行保健计划，落实猪群各阶段保健及猪病防治工作。

⑩总结本场的畜牧技术经验，传授科技知识，填写猪群档案

和各项技术记录，并进行统计整理。

⑪及时报告本场畜牧技术中出现的事故，并承担应负的责任。

⑫完成上级交办的其他工作。

4. 兽医技术人员岗位职责

①负责卫生防疫技术管理工作，监督检查技术措施的落实。

②制定本场消毒、防疫、检疫制度和制定免疫程序，组织、落实猪群的防疫工作，并行使总监督。

③负责拟定全场兽医药械的分配调拨计划，并检查其使用情况，在发生传染病时，根据有关规定封锁或扑杀病猪。

④每天巡视，发现问题及时处理。

⑤组织兽医技术经验交流、技术培训和科学实验工作。

⑥负责猪场卫生保健，疾病监控和治疗，贯彻防疫制度，制订药械购置计划，填写病历和有关报表，逐步实行兽医记录电脑管理。

⑦对全场兽医技术人员的任免、调动、升级、奖惩，提出意见和建议。

⑧对于兽医技术中重大事故，要负责作出结论，并承担应负的责任。

⑨本场兽医技术人员，只对本场防疫来病负责，不去本场以外猪场诊断疾病。

⑩完成上级交办的其他工作。

5. 配种技术员工作职责

①服从猪场统一领导，遵守各项规章制度，听从管理人员的指挥，配合技术人员的工作。

②负责全场母猪每天的查情、配种、协助采精等工作。

③配合畜牧技术人员做好母猪群的转栏、调整工作。

④记录每天的配种记录及相应的报表，认真填写育种记录，做到真实及时，齐全准确。

⑤及时反应配种情况、确保完成配种计划。

⑥对有繁殖障碍的公、母猪及时申请淘汰，并做好记录。

⑦根据工作情况对猪场提出合理化建议，当好猪场领导的助手和参谋。

⑧完成上级交办的其他工作。

6. 保管员职责

①遵守劳动纪律，按时上下班，不准擅离岗位。

②保管员必须管理好仓库物资和帐目，严格物资进出库手续。物品进出库必须过秤、点数、验收，开入库单（入库单不得虚开，包括补菜单），做到账物相符。对不合格物品有权拒收。

③库存物资妥善保管，做好收、支、晒、封、贮、藏等各项工作。做好七防（防毒、防火、防鼠、防虫、防窃、防潮、防霉）工作，保持库房清洁卫生。物资摆放整齐。各类物品先进先用，防止变质。

④做好月终盘点和结账工作，配合出纳、会计及时结出当月账目，做到日清月结。

⑤库内不存放个人或其他单位的物品。

⑥向供应商索取生产厂家营业执照、卫生许可证复印件和产品合格证、质检证等有关供货资料。

⑦要不定期抽检成品料质量，标签是否正确使用，生产日期是否正确。

⑧库房不准放入其他杂物及危险物品。

⑨各类物品悬挂标志卡，标明进货日期、保质期、品名、产

地、厂址。

⑩完成上级交办的其他工作。

7. 饲料加工员岗位职责

①严格按照饲料生产流程来操作,保证生产顺利进行。

②严格按计划进行饲料生产,保证饲料品种、数量及时、准确。

③严格按配方配制饲料,没有技术员的许可严禁任意改动配方。

④开机前检查各设备是否完好正常,定期进行保养维护工作,易损件要提前报备。

⑤投料前仔细检查,杜绝不合格原料投入使用,且及时清理杂物,避免设备堵塞。

⑥要严格执行原料先入先用原则。

⑦认真记录好每天原料的使用量,一定要做到账物相符,确保库存数和使用数据准确。

⑧及时清理工作现场及运料路线,避免混料。

⑨交班前做好场地和机械清洁卫生工作。

8. 供销人员岗位职责

①以保证安全生产,充分做好物资需求计划、物资供应等工作。

②负责采购合同签订前的洽谈工作,比质、比价、比信誉,掌握市场价格。

③严格执行物资采购政策和有关物资采购规定,做好物资的采购、清点、提运等工作。

④严把质量关,数量关,价格关,杜绝三无产品入库。

⑤抓好市场调查、分析、预测。做好市场信息收集、整理和

反馈，掌握市场动态，积极适时、合理有效地开辟新的供销网点。

⑥负责将采购物资交货验收及入库工作，对入库物资的数量及质量负责。

⑦做好库房、库区的规划管理工作，做到规划合理，整齐码放，管理制度化，规范化，标准化。

⑧编制供销统计报表，做好供销统计核算基础管理工作，建立和规范各种原始记录、统计台账、报表。

9. 组长

（1）配种妊娠舍组长　负责组织本组人员严格按《饲养管理技术操作规程》和每周工作日程进行生产，及时反映本组中出现的生产和工作问题。负责整理和统计本组的生产日报表和周报表；负责协调安排本组人员休息替班；负责本组定期全面消毒和清洁绿化工作；负责本组饲料、药品、工具的使用与领取及盘点工作；负责本生产线配种工作，保证生产线按生产流程运行；负责本组种猪转群及调整工作；负责本组公猪、后备猪、空怀猪、妊娠猪的预防注射工作。服从生产线主管的领导，完成生产线主管下达的各项生产任务。

（2）分娩保育舍组长　负责组织本组人员严格按《饲养管理技术操作规程》和每周工作日程进行生产，及时反映本组中出现的生产和工作问题。负责整理和统计本组的生产日报表和周报表；负责协调安排本组人员休息替班；负责本组定期全面消毒和清洁绿化工作；负责本组饲料、药品、工具的使用与领取及盘点工作；负责本组空栏猪舍的冲洗消毒工作，负责本组母猪、仔猪转群、调整工作；负责哺乳母猪、仔猪预防注射工作。服从生产线主管的领导，完成生产线主管下达的各项生产任务。

（3）生长育成舍组长 负责组织本组人员严格按《饲养管理技术操作规程》和每周工作日程进行生产，及时反映本组中出现的生产和工作问题。负责整理和统计本组的生产日报表和周报表；负责协调安排本组人员休息替班；负责本组定期全面消毒、清洁绿化工作；负责本组饲料、药品、工具的使用与领取及盘点工作；负责肉猪的出栏工作，保证出栏猪的质量；负责生长、育肥猪的周转、调整工作；负责本组空栏猪舍的冲洗、消毒工作；负责生长、育肥猪的预防注射工作。服从生产线主管的领导，完成生产线主管下达的各项生产任务。

（4）饲养员

①辅配饲养员协助组长做好配种、种猪转栏及调整工作；协助组长做好公猪、空怀猪、后备猪预防注射工作；负责大栏内公猪、空怀猪、后备猪的饲养管理工作。

②妊娠母猪饲养员协助组长做好妊娠猪转群及调整工作；协助组长做好妊娠母猪预防注射工作；负责定位栏内妊娠猪的饲养管理工作。

③哺乳母猪、仔猪饲养员协助组长做好临产母猪转入、断奶母猪及仔猪转出工作；协助组长做好哺乳母猪、仔猪的预防注射工作；负责哺乳母猪、仔猪的饲养管理工作。

④保育猪饲养员协助组长做好保育猪转群及调整工作；协助组长做好保育猪预防注射工作；负责保育猪的饲养管理工作。

⑤生长育肥猪饲养员协助组长做好生长育肥猪转群及调整工作；协助组长做好生长育肥猪预防注射工作；负责生长育肥猪的饲养管理工作。

（5）会计、出纳员

① 严格执行猪场制定的各项财务制度，遵守财务人员守则，

把好现金收支手续关，凡未经领导签名批准的一切开支，不予支付。

② 严格执行公司制定的现金管理制度，认真掌握库存现金的限额，确保现金的绝对安全。

③ 每月按时发放工资。

④ 做到日清月结，及时记账、输入电脑。

⑤ 会计、出纳员一般直属场办公室。

（6）水电维修工

① 负责全场水电等维修工作。

② 电工持证上岗，严格遵照水电安全规定进行安全操作，严禁违规操作。

③ 经常检查水电设施、设备，发现问题及时维修和处理。

④ 优先解决生产线管理人员提出的安装、维修事宜，保证猪场生产正常运作。

⑤ 水电维修工的日常工作由后勤主管安排，进入生产线工作时听从生产线管理人员指挥。

⑥ 不按专业要求操作，出现问题承担相应责任。

⑦ 不能及时发现和处理生产中的问题，造成后果自己负责。

（7）驾驶员

① 遵守交通法规，带证上岗。

② 场内用车不准出场，特殊情况出场时须请示场长批准。

③ 爱护车辆，经常检查，有问题及时维修。

④ 安全驾驶，注意人、车安全。

⑤ 坚决杜绝酒后开车。

⑥ 车辆专人驾驶，不经场长批准，不得让他人使用。

⑦ 严禁公车私用，特殊情况下须请示场长批准。

⑧ 车辆必须在指定地点存放。

⑨ 场内用车由后勤主管统一安排。

（8）保安、门卫

① 负责猪场治安保卫工作，依法护场，确保猪场有一个良好的治安环境。

② 服从猪场场长、后勤主管的领导，负责与当地派出所的工作联系。

③ 工作时间内不准离场，坚守岗位。除场内巡逻时间外，平时在门卫室值班，请假须报后勤主管或场长批准。

④ 主要责任范围：禁止社会闲散人员进入猪场，禁止非生产人员进入生产区，禁止场外人员到猪场寻衅滋事，禁止打架斗殴，禁止"黄、赌、毒"，保卫猪场的财产安全，做到"三防"。

（9）仓库管理员

① 严格遵守财务人员守则。

② 物资进库时要计量、办理验收手续。

③ 物资出库时要办理出库手续。

④ 所有物资要分门别类地堆放，做到整齐有序、安全、稳固。

⑤ 每月盘点一次，如账物不符的，要马上查明原因，分清职责，若失职造成损失要追究其责任。

⑥ 协助出纳员及其他管理人员工作。

⑦ 协助生产线管理人员做好药物保管、发放工作。

⑧ 协助猪场销售工作。

⑨ 保管员由后勤主管领导，负责饲料、药物及疫苗的保存发放，听从生产线管理人员技术指导。

第三节 猪场主要规章制度

一、人事制度

人事制度是猪场工作人员必须遵循的共同准则，包括组织纪律、考勤制度、奖惩和用工关系等系列相关规定。由于猪场工作的特殊性，封闭式管理和无法保证节假日休息成为人员流动频繁的主要原因。人事制度的制定应依照《中华人民共和国劳动法》结合实际情况灵活制定，应充分体现人性化管理。

二、财务制度

财务管理是猪场管理的关键点。财务管理必须根据猪场发展的方针，遵照财务和会计相关法律法规制定。

三、猪场生产例会与技术培训制度

为了达到定期检查、总结生产上存在的问题、提高饲养管理人员的技术素质、及时研究出解决方案、有计划地布置下一阶段的工作、使生产有条不紊地进行、进而达到提高全场生产的管理水平的目的，猪场必须因地制宜地制定生产例会和技术培训制度。

（一）主持

猪场生产例会和技术培训会的主持人由猪场场长或分管生产业务的负责人主持。

（二）时间安排

一般情况下可安排在星期一晚上 7：00～9：00 为生产例会和技术培训时间，生产例会 1 小时左右，技术培训 1 小时左右。特殊情况下灵活安排。

（三）内容安排

总结检查上周工作，安排布置下周工作，按生产进度或实际生产情况进行有目的、有计划的技术培训。

（四）程序安排

组长汇报工作，提出问题；生产线主管汇报、总结工作，提出问题；主持人全面总结上周工作，解答问题，统一布置下周的重要工作。生产例会结束后进行技术培训。

（五）会前准备

开会前，生产组长、生产线主管和主持人要做好充分准备，重要问题要准备好书面材料。

（六）会议要求

对于生产例会上提出的一般技术性问题，要当场研究解决，涉及其他问题或较为复杂的技术问题，要在会后及时上报、讨论研究，并在下一周的生产例会上予以解决。

四、员工休请假考勤制度

（一）休假制度

①员工一般每月休假 4～8 天，正常情况下不得超休。

②正常休假由组长、生产线主管逐级批准，安排轮休。

③法定节假日上班的，可领取加班补贴。

④休假天数积存多的由生产线主管、场长安排补休或发放加班费。

（二）请假制度

①除正常休假，一般情况不得请假，病假等例外。

②请假需写员工请假单，逐级依权限报批，否则按照旷工处理。

③一般生产线员工请假 4 天以上者由主管批准，7 天以上者须由场长批准。

（三）考勤制度

①生产线员工由生产线主管负责考勤，生产线主管、后勤人员由场长负责考勤，月底上报。

②员工须按时上下班，有事须请假。

③严禁消极怠工，一旦发现经批评教育仍不悔改者可按扣薪处理，态度恶劣者上报场长处理。

（四）顶班制度

①员工休假（请假）由组长安排人员顶班，组长负责。

②组长休假（请假）由生产线主管顶班，生产线主管负责。

③生产线主管休假（请假）由场长顶班，场长负责。

④各级人员休假必须安排好交接工作，保证各项工作顺利开展。

⑤出现特殊情况如外界有疫情需要封场，则不可正常休假，只能安排积休。

五、绩效考核管理制度

（一）配种车间的参考生产指标

①初生重 1.2 千克以上，定为健子指标。

②产活仔 9 头，窝平 2 胎以上。

③喂料的同时检查猪群，对返情、子宫炎、流产、病猪及时

上报和治疗。

④根据母猪的生理阶段和体况进行投料。

⑤每天上下午各清粪一次，保持栏舍清洁卫生。

⑥定期消毒，消毒水要保持有效浓度。

⑦配种分娩率要达到90%，断奶发情不超过10天，淘汰率在25%以内，病残淘汰在5%以内。

⑧断奶母猪致伤、致残罚款100元。

⑨按时上下班，听从安排，提前下班作旷工处理罚款50元。

⑩猪粪流失，用水冲走罚款50元，节约给予奖励。

(二) 分娩车间的参考生产指标

①每头母猪交出窝平均8.6头的合格仔猪，按奖10赔5的方针进行考核。

②分娩舍仔猪成活率在92%以上，24小时都要有人值班，不允许有偷盗情况发生。

③28日龄断奶平均个体重6.5千克，达不到健仔标准不能转入保育舍。

④检查猪群防止仔猪冻压饿死，保持栏舍清洁卫生、床上无积粪。

⑤认真做好超前免疫、仔猪三针保健，以及补铁工作。

⑥母猪产前必须用0.1%高锰酸钾清洗乳头及外阴，2小时后必须让仔猪吃上初乳。

⑦认真做好补料工作，7天开始训练吃食，15天左右正式搭上料。

⑧掌握仔猪出生过四关：初生、补料、下痢和断奶关。用"母爱精神"作为养猪精神。

（三）保育舍的参考生产指标

①保育成活率要求达到95％，饲料报酬1.8∶1。

②65日龄体重达到22千克以上。

③减少饲料浪费，不喂霉变的饲料，少喂勤添。

④对断奶的仔猪按体重大小、公母分开饲养。

⑤每天观察猪舍的每一头猪，发现问题及时汇报。

⑥提供干净、舒适的环境，清洁的饮水、新鲜的饲料。

⑦定期消毒，并加强通风，注意空气质量。

⑧按生产指标进行考核，奖10赔5的方针。

（四）肥猪舍的参考生产指标

①肥猪舍的成活率达到96％以上。

②175日龄达到90千克，料肉比3.1∶1。

③不喂霉变饲料，掌握饲料转化率。

④采取三点定位，保持栏舍清洁卫生，公母分开饲养。

⑤不得出现打架咬尾致死、致残的猪，发现一头扣50元。

⑥减少饲料浪费和猪粪流失，用水冲走罚款50元，节约给予奖励。

⑦配合销售种猪，以及待售栏的清洁工作。

⑧定期消毒，把猪当婴儿一样关怀，每时每刻都必须善待它。

⑨按生产指标进行考核，奖10赔5方针给予奖罚。

六、其他制度

除以上相关制度外，所有未尽事宜，均可出台相关规定，如人员访问制度、接待管理制度等。猪场的规模化发展要求猪场管理的制度化、程序化，猪场的发展壮大要求猪场管理朝着企业化方面迈进，而完善、健全的管理制度是猪场走上企业化发展道路的基础。

第四节　物资与报表管理

一、物资管理

首先要建立进销存账，由专人负责，物资凭单进出仓库。生产必需品如药物、饲料和生产工具等要每月制定计划上报，各生产区（组）根据实际需要领取，不得浪费。

二、猪场报表

报表是反映猪场生产管理情况的有效手段，是上级领导检查工作的途径之一，也是统计分析、指导生产的重要依据。猪场常用报表有种猪配种情况周报表、产仔情况周报表、妊娠情况周报表、保育猪舍周报表、种猪死亡淘汰情况周报表、肉猪变动及上市情况周报表、猪群盘点月报表、猪舍饲料进销存周报表、配种情况周报表、饲料需求计划月报表、药物需求计划月报表、生产工具等物资需求计划月报表、饲料进出存储情况月报表、药物进出存储情况月报表、生产工具等物资进出存储情况月报表。因此，认真填写报表是一项严肃的工作，应予以高度重视。各生产组长应做好各种生产记录，并准确、如实地填写周报表，交到上一级主管，查对核实后，及时送到场部。其中，配种、分娩、断奶、转栏及上市等报表应一式两份。

第五节　猪场成本核算

一、猪场成本核算对象的确定

猪场生产成本的核算，可以实行分群核算，也可实行混群核算。实行分群核算是将整个猪群按不同猪龄，划分为若干群，分群别归集生产费用和计算产品成本。混群核算（也称为混群核算）是以整个猪群作为成本计算对象来归集生产费用。在实际工作中，为了加强对猪场各阶段饲养成本控制和管理，在组织猪场成本核算时，大都采用分群核算。具体划分标准如下。

①基本猪群：指各种成龄公、母和未断奶仔猪（0~1个月），包括配种舍、妊娠舍、产房猪群。

②幼猪群：指断奶离群的仔猪（1~2个月），即断奶后转入育成猪群前，包括育仔舍猪群。

③肥猪群：指育成猪、育肥猪（2个月~出栏），包括育成舍、育肥舍猪群。

二、猪场成本核算凭证

为了正确组织种猪生产成本核算，必须建立健全种猪生产凭证和手续，作好原始记录工作。种猪生产的核算凭证有：反映猪群变化的凭证、反映产品出售凭证、反映饲养费用的凭证等。

反映猪群变化的凭证，一般可设"猪群动态登记薄"和"猪群动态月报表"，对于猪群的增减变动应及时填到有关凭证上，并逐日地记入"猪群动态登记薄"。月末应根据"猪群动态登记薄",编制"猪群动态月报表"报告给财务部门,作为猪群动态核算和成本核算的依据。反映猪只出售的凭证,有出库单、出售发票等,应随时报告财务部门,作为销售入账的原始凭证。反映猪只饲养费用的凭证,有工资费用分配表、折旧费用计算表、饲料消耗汇总表、低值易耗品、兽药等其他材料消耗汇总表。月终均作为财务核算的依据。

三、猪场费用的分类

猪场生产经营过程中的耗费是各种各样的,为了便于归集各项费用,正确计算产品成本和期间费用,进行成本管理,需要对种类繁多的费用进行合理的分类,其中最基本的是按费用的经济内容(或性质)和经济用途分类。

(一)按费用的经济内容分类

猪场生产经营过程,也是物化劳动(劳动对象和劳动手段)和活劳动的耗费过程,因而生产经营过程中发生的费用,按其经济内容分类,可划分为劳动对象方面的费用、劳动手段和活劳动方面的费用三大类。生产费用按经济内容分类,就是在这一划分的基础上,将费用划分为不同的费用要素,而不考虑它的耗费对象和计入产品成本的方法。猪场的费用要素有:工资及福利费、饲料费、防疫和医药费、材料费、燃料费、低值易耗品费、折旧费、利息支出、税金、水费、电费、修理费、养老保险费、失业保险费、其他支出等。

将费用划分为若干要素进行核算,能够反映企业在一个时期内发生了那些费用,数额各是多少,可用以分析猪场各个时期各种费用的支出水平,比同期升降的程度和因素,从而为猪场制定增收节支提供依据。

（二）按费用的经济用途分类

猪场的费用按其经济用途不同可分为生产成本（制造成本）和期间费用两大类。生产成本主要是指与生产产品直接有关的费用。这类费用在生产过程中的用途也不一样，例如有的直接用于产品生产，有的则用于管理与组织生产，因而需要按经济用途进一步划分为若干成本项目。猪场的生产费用按其经济用途可划分为下列成本项目。

1. 工资福利费

工资福利费指直接从事饲养工作人员的工资、奖金及津贴，以及按工资总额 14% 提取的福利费。

2. 饲料费

饲料费指饲养过程中，各猪群耗用的自产和外购的各种植物、矿物质、添加剂及全价料。

3. 兽医兽药费

各猪群在饲养过程中耗用的各类兽药、兽械和防疫药品费及检测费。

4. 种猪价值摊销

种猪价值摊销指由仔猪负担的种猪价值的摊销费。

5. 固定资产折旧费

固定资产折旧费指能直接计入各猪群的猪舍和专用机械设备、设备的折旧费。

6. 低值易耗品摊销费

低值易耗品摊销费指能直接计入各猪群的低值工具、器具和饲养人员的劳保费用。

7. 制造费用

制造费用指猪场在生产过程中为组织和管理猪舍发生的各项

间接费用及提供的劳务费。包括猪场管理及饲养员以外的其他部门人员的工资及福利费，司机出车补助、加班、安全奖费用，猪场耗用的全部燃料费、水电费、零配件及修理费，低值工具、器具、舍外人员劳保用品摊销费，"生产成本"以外的办公楼、设施、设备、车辆等固定资产的折旧费，办公费、运输费等。

8. 期间费用

期间费用是指猪场在生产经营过程中发生的，与产品生产活动没有直接联系，属于某一时期耗用的费用。这些费用容易确定其发生期间和归属期间，但不容易确定它们应归属的成本计算对象。所以期间费用不计入产品生产成本，不参与成本计算，而是按照一定期间（月份）季度或年度进行汇总，直接计入当期损益。猪场期间费用包括管理费用、财务费用、营业费用。

（1）管理费用　管理费用是猪场为组织和管理生产经营活动而发生的期间费用。费用项目有工会、职教、宣传费，业务招待费，差旅费，养老保险费，电话费，税金，劳动保险费，还包括除上述以外的其他的期间费用如存货盘亏盈、坏账损失、取暖费等。

（2）财务费用　财务费用是指猪场在筹集资金过程中发生的费用，费用项目有利息支出、利息收入、金融机构手续费等。

（3）销售费用　销售费用是指猪场在销售过程中发生的各项费用，费用项目有展览费、广告费、检疫费、售后服务费、促销费、差旅费、包装费、运输及装卸费等。

四、猪场生产成本核算账户的设置

（一）"生产成本"账户

为了归集种猪生产费用，并计算产品成本，应设置"生产成本"账户,在这账户下,按照成本计算对象分别设置基本猪群、幼猪群和肥猪群 3 个明细账。在明细账中还应按规定的成本项目设置专栏。在分群核算下,该账户的借方登记生产费用发生数,贷方登记结转的成本数,期末应无余额。

(二)"制造费用"账户

为了核算在生产过程中,为组织和管理猪舍发生的各项间接费用及提供的劳务费,应设置"制造费用"账户,并按费用项目设置栏目进行归集费用。该账户借方登记发生的各项间接费用及提供的劳务费;贷方登记分配转入"生产成本"账户的制造费用;期末无余额。

分群核算下,猪群价值的增减变化情况,应在"幼畜及育肥畜"账户下核算。该账户借方反映猪群价值的增加;贷方反映猪群价值的减少;期末余额为存栏猪群的价值。在此账户下设置"种猪、仔猪、幼猪、肥猪"4 个明细账户,用以核算不同阶段猪群的价值增减变动情况和结存。需要说明的是由于种猪(基础猪)不同于其他大牲畜,它的生产周期短,更新比较频繁;加之种猪具有产畜和育畜并存的特点,为了统计猪群变化情况的完整性,因此在实际工作中把它作为流动资产来管理,故将种猪作为"幼畜及育肥畜"二级账户核算。

五、猪场生产成本核算的一般程序

①对所发生的费用进行审核和控制,确定这些费用是否符合规定的开支范围,并在此基础上确定应计入产品成本的开支和应记计入期间费用的开支。

②进行主副产品的分离,计算并结转各猪群本期增重成本。

③根据"猪群动态月报表"和"幼畜及育肥畜"明细账资

料，从低龄到高龄，逐群计算结转群、销售、期末存栏的活重成本。

④根据"猪群动态月报表"及有关资料，编制"猪群变动成本计算表"。

⑤根据"猪群动态成本计算表"和"生产成本"明细账，编制猪群"产品成本计算表"。

六、费用分配原则和方法

(一) 分配原则

制造费用是共同性的生产费用，每月要采用分配的方法计入各成本计算对象。

(二) 制造费用的分配

每月末将本月发生的制造费用，按"生产成本"科目归集的直接饲养费用合计比例，分配计入各猪群生产成本。计算公式如下：

$$分配率（\%）= \frac{制造费用总额}{直接饲养费用合计} \times 100$$

各猪群分摊的制造费用，基本猪群分摊的制造费用 = 基本猪群当月直接饲养费用 × 分配率

幼猪群分摊的制造费用 = 幼猪群当月直接饲养费用 × 分配率

肥猪群分摊的制造费用 = 肥猪群当月直接饲养费用 × 分配率

(三) 原材料费用的分配

原材料是按饲料、兽药、低值易耗品、其他材料四大类和品种进行明细核算的。原材料入库时是按实际成本计价的，原材料出库也按实际成本计价。根据 4 类原材料的特点，可采用不同的发出计价方法来确定领用原材料的金额。

1. 饲料

饲料主要是各猪群耗用，平时出库只进行各品种数量的登记，月末可采用加权平均法，确定每个品种出库的金额。计算公式如下：

$$某种饲料加权平均单价 = \frac{月初结存金额 + 本月入库金额}{月初结存数量 + 本月入库数量}$$

某种饲料耗用的金额 = 该种饲料领用数量 × 该种饲料平均单价

分配原则：按饲料配方，将消耗的各种饲料分配到各猪群。

各群别耗用饲料分配去向如下。

①配种料、公猪料、妊娠料、哺乳料：计入生产成本 – 基本猪群明细科目。

②育仔料：计入生产成本 – 幼猪群明细科目。

③中猪料、大猪料：计入生产成本 – 肥猪群明细科目。

2. 兽药、器械

兽药、器械主要是各猪群耗用和各猪舍领用，可分别采用加权平均法和个别计价法，确定领用兽药器械的金额。分配原则是凡能直接计入各群别的费用直接计入；共同使用或不能直接计入各群别的费用，按 4、3、3 比例分配计入各群别。即基本猪群 40%、幼猪群 30%、肥猪群 30%。

3. 低值易耗品

低值易耗品除各舍外，其他各部门也耗用。根据低值易耗品的特点，可采用个别计价法确定领用物品的金额。

分配原则：根据猪场低值易耗品的特点，采用一次摊销法核算。即领用时，将其价值一次计入当期费用。生产领用的低值易耗品能分清舍别的直接计入各成本计算对象，共同使用的或不能直接计入各群别的可计入"制造费用"科目，场内其他部门领用的低值易耗品计入"制造费用"科目。

4. 其他材料

其他材料采用加权平均法计价，计入"制造费用"科目。

（四）工资及福利费的分配

1. 分配原则

按人员工作部门分摊。

2. 分配对象

配种舍、妊娠舍、产房饲养人员的工资及福利费计入生产成本－基本猪群科目；育仔舍饲养人员的工资及福利费计入"生产成本－幼猪群"科目；育成舍、育肥舍饲养人员的工资及福利费计入"生产成本－肥猪群"科目；场内其他部门及管理人员的工资及福利费计入"制造费用"科目；内退人员的工资及福利费计入"管理费用"科目；直接发放给临时人员的工资、津贴和误餐费等，在发放时按领取人工作部门直接分别计入"生产成本"、"制造费用"、"管理费用"等科目。

（五）种猪价值摊销的计算

本期基本猪群应摊销的种猪价值，按本章第一节提到的方法计算，计入生产成本－基本猪群账户。

七、猪场成本指标的计算方法

（一）实行分群核算下成本指标的计算

1. 增重成本指标的计算

增重成本是反映猪场经济效益的一个重要指标，由于基本猪群的主要产品是母猪繁殖的仔猪、幼猪、肥猪的主要产品是增重量。因此，应分别计算。

（1）仔猪增重成本计算公式

$$仔猪增重单位（千克）成本 = \frac{基本猪群饲养费用合计 - 副产品价值}{仔猪增重量（千克）}$$

仔猪增重量（千克）= 期末活重 + 本期离群活重 + 本期死亡重量 - 期初活重 - 本期出生重量

考核仔猪经济效益的另一个指标：

$$仔猪繁殖与增重单位（千克）成本 = \frac{基本猪群饲养费用合计 - 副产品价值}{仔猪出生活重量（千克）+ 仔猪增重量（千克）}$$

（2）幼猪、肥猪增重成本计算公式

$$某猪群增重单位（千克）成本 = \frac{该猪群饲养费用合计 - 副产品价值}{该猪增重量（千克）}$$

该猪群增重量（千克）= 期末活重 + 本期离群活重 + 本期死亡重量 - 期初活重 - 本期购入、转入重量

2. 活重成本指标的计算

$$某猪群活重单位（千克）成本 = \frac{该猪群活重总成本}{该猪群活重总量（千克）}$$

某猪群活重总成本 = 该猪群饲养费用合计 + 期初活重总成本 + 购入、转入总成本 - 副产品价值

某猪群活重总量（千克）= 该猪群期末存栏活重 + 本期离群活重（不包括死猪重）

3. 饲养日成本指标的计算

饲养日成本是指一头猪饲养一日所花消的费用，是考核、评价猪场饲养费用水平的一个重要指标。计算公式如下：

$$某猪群饲养日成本 = \frac{该猪群饲养费用合计}{该猪群饲养头日数}$$

饲养头日数是指累计的日饲养头数，一头猪饲养一天为一个

头日数。计算某猪群饲养头日数可以将该猪群每天存栏相加即可得出。

4. 料肉比指标的计算

料肉比是指某猪群增重1千克所消耗的饲料量，它是评价饲料报酬的一个重要指标，也是编制生产计划和财务计划的重要依据。

$$某猪群料肉比 = \frac{该猪群消耗饲料总量（千克）}{该猪群增重总量（千克）}$$

（二）全群核算指标与分群核算指标的关系

①全群核算期初存栏头数（重量）＝各群期初存栏头数（重量）之和。

②全群核算期内增加头数（重量）＝期内繁殖头数（重量）＋幼猪群、肥猪群购入头数（重量）

③全群核算期内死亡头数（重量）＝各群死亡头数（重量）之和。

④全群核算期内销售头数（重量）＝各群（幼猪群、肥猪群）外销头数（重量）之和。

⑤全群核算期内转出头数（重量）＝肥猪群转入基本猪群的种猪头数（重量）。

⑥全群核算期末存栏头数（重量）＝各群期末存栏头数（重量）之和。

⑦全群核算本期猪群增重等于各群增重之和，也可按公式逻辑关系计算。

⑧全群核算本期猪群活重总量，不等于各群活重总量之和。应按公式逻辑关系计算。

⑨全群核算饲料销耗总量＝各群饲料消耗量之和。

⑩全群核算料肉比，按公式逻辑关系计算。

⑪全群核算饲养费用合计 = 各群饲养费用合计之和。

⑫全群核算生产总成本不等于各群生产总成本之和，应按公式逻辑关系计算。

⑬全群核算单位增重成本、单位活重成本，按公式逻辑关系计算。

⑭全群核算期末活重总成本 = 各群期末活重成本之和（采用固定价情况下），否则按公式逻辑关系计算。

（三）成本计算方法

1. 变动成本

（1）混合饲料 占成本 60% ~ 75%，比重很大，因此须注意饲料原料价格的涨跌，灵活调整饲料配方以降低养猪成本。

（2）青饲料 一般情况下，怀孕猪、产仔猪可能含有此项成本。

（3）直接人工 包括经常人工和临时人工薪金，加班费等，近年来因社会环境变化工资上涨，此项成本已有逐渐增加趋势。

（4）医疗费用 包括医疗用品及其他医疗费用。

（5）其他饲养费用 包括猪舍用具损耗、水电费及公害防治费用等。

2. 固定成本

（1）管理费用 包括用人员费用、折旧费、修理维护费、事务费、税捐、保险、福利等。

（2）场务费用 维持整个猪场正常运转需要的费用。

第八章

粪污处理

第一节　猪场粪污危害及成因

一、猪场环境污染分析

（一）异味熏天，臭气多

猪场的臭气主要来自于粪便、尿液、污水、垫料、饲料、病死猪尸体的腐败分解、消化道排出气体、皮脂腺、汗腺和外激素分泌物等。

现已发现粪尿中含有恶臭味的化合物主要包括氯化物（氨气、甲胺）、硫化物（硫化氢、甲基硫醇）、芳香族化合物（吲哚、丙烯醛和粪臭素等）等160余种各类有机物和无机物。其中最强烈的挥发性气体为猪粪尿中产生的氨气，不但会使生猪的生产性能下降，而且影响人的身体健康。挥发到大气中的氨，还可能引起酸雨，毁坏作物。

（二）猪排泄物多，对水体和土壤污染大

为防止仔猪下痢和促进仔猪的生长发育，很多规模猪场在饲料添加剂中使用铜、锌和砷等微量元素。过量添加的重金属会随粪便排出，这些粪便进入土壤，会使土壤中的微生物减少，造成

土壤板结、肥力下降。在仔猪日粮中添加高剂量的氧化锌，也会造成环境污染，考虑到元素间的相关性，其他元素如铁、锰等相应提高，高剂量的微量元素未被完全吸收，从粪中排出，污染环境。

据文献报道一个万头养猪场一年有40 700千克 COD（化学需氧量）和30 300千克 BOD（生化耗氧量）流失到水体中，相当于具有一定规模的工业企业的污染物排放量。粪便中 COD、BOD 及残留的重金属流入水体，会造成水体浑浊、变黑，猪场污水未经处理会含有大量的氮、磷，导致水体富营养化，未经处理的粪污水直接灌溉农田，容易造成土壤板结，引起土壤质量下降。

（三）传播人畜共患疾病

据世卫组织和联合国粮农组织相关报道，目前，由生猪传染的人畜共患传染病约25种，主要传播载体就是生猪排泄物。规模化猪场所产生的粪便及病死猪中含有大量的病原微生物、寄生虫卵，使环境中的病原种类增多，这些病原体会传播疾病，造成人、畜传染病的蔓延，严重的危害人畜健康。

二、猪场粪污产生的原因

（一）猪场经营模式和规模的变化

20世纪80年代以前，我国养猪以散养为主，产生的粪污直接被用作农田肥料。随着时代的发展和国家政策的变化，近30年来，养猪已经形成产业化模式，而且规模越来越大，出现猪场形成的大量污染物严重超过周围环境消纳量的情况。

（二）农业用肥方式的转变

随着化工行业的飞速发展，农民转用价格低廉、使用方便的化肥。农家肥（主要是猪粪肥）使用量大，有效物质不易保存，致使农民更多地倾向于逐渐抛弃农家肥。

随着土地施用化肥产生板结状况的出现，我国农业部门已经开始注重、倡导使用农家肥，但是，对猪粪处理不当，就会污染环境，造成畜产公害。

（三）兽药及添加剂的滥用

猪场中无节制的使用微量元素添加剂，使粪便中含有大量的锌、铜等金属元素，这些对环境造成严重污染。兽药的滥用，致使药物在粪便和尿液中残留量严重超标。这些有毒有害物质在量少的情况下不会对周围大气、水体、土壤产生危害，一旦过量则会对环境造成严重的污染，而且有可能不可恢复。

（四）粪污处理工艺及其他原因

1. 清粪工艺

我国规模化猪场目前采用的清粪工艺主要有水冲粪、水泡粪和干清粪等。有些规模化场依旧采用水冲清粪方式和水泡粪的方法，这样就埋下了污染环境的祸根。干清粪方式是目前提倡采用的方式，其用水量较水冲粪及水泡粪减少 60%～70% 和 40%～50%，并且可以有效地减少 COD_{cr}、BOD_5 等含量。

2. 饲喂模式

饮水系统设计和饲槽设计对污水产生量有着重要的影响。目前大多数猪场采用的是乳头式饮水器。但是到了夏季，猪只为了防暑降温，咬着乳头不放，造成浪费，致使污水量增多。

3. 生产管理水平

实际生产过程中影响生猪生产管理主要因素有：饲料营养水平和饲养管理水平。合理的分级饲喂阶段，搭配不同的营养水平，可以有效地提高养分利用率；饲养管理上现在比较好的是"阶段饲喂法"，可以减少氮排泄量为 8.5%（Han，2000）。

三、猪场粪污的产生量

据估计，存栏小猪（20～40千克的育成猪、后备母猪）年产粪尿约1 500千克；中猪（初产母猪或50～75千克的育肥猪）年产粪尿约3 000千克；大猪（75～100千克的育肥猪、成年母猪和成年公猪）年产粪尿约4 500千克。

由于养猪模式、粪尿收集、冲洗方式、猪群构成季节的不同，各猪场粪尿产生量会有较大差异。一个年出栏万头规模的猪场，每日排污量：水冲清粪方式为210～240立方米/天；水泡清粪方式为120～150立方米/天；人工干清粪方式为60～90立方米/天。采用人工清粪方式的排污量仅为其他2种方式的1/2～1/3。以北京市的猪场污水调查为例，各养殖场因生产方式和管理水平不同，用水量和废水排放量均存在较大差异，北京市规模化猪场的单位用水系数是水冲粪25千克/（头·天），干清粪15千克/（头·天）；废水产生系数为水冲粪18千克/（头·天），干清粪7.5千克/（头·天）。

第二节　粪污处理原则

一、减量化

生猪养殖过程中产生的污水主要包括猪排出的尿液（占20%）、冲洗水（占30%）、饮水系统渗漏及雨水（占25%）、不当的饲喂模式产生的污水（占25%）。猪的实际排泄物占到总污水量的20%左右。要治理好畜禽粪污污染，必须从源头抓起，有效削减污染总量。进行干湿分离和雨污分离，在建筑设计上进行适当的改进，形成独立的雨水收集管网系统和污水收集管网系统，在保持猪舍清洁干净的前提下，尽量减少冲洗用水。同时，利用理想蛋白质模式、理想氨基酸模式以及在饲料中添加酶制剂、微生态制剂等促进动物对饲料原料的消化吸收，减少粪便产生量。这样不仅有利于畜禽的生长，而且从污染源头控制了粪污产生量和排放量。

二、无害化

畜禽粪便中含有细菌、病毒、寄生虫，会造成人、畜传染病的蔓延；粪便中 COD、BOD 及残留的重金属会造成水体浑浊、变黑，畜禽污水未经处理会含有大量的氮、磷，导致水体富营养化；粪污散发出的 NH_3、H_2S 等恶臭气体是大气污染的污染源之一；CH_4、CO_2 等进入大气则造成温室效应。另外，未经处理的粪污水直接灌溉农田，容易造成土壤板结，引起土壤质量下降。

猪场必须按 2014 年 1 月 1 日起颁布实施的《畜禽规模养殖污染防治条例》和《粪便无害化卫生标准》要求，选用先进工艺技术，结合猪场周围的环境、粪污消纳能力和能流物流生态平衡的特征，因地制宜，消除污染，消除蚊蝇孳生，杀灭病菌，使其在利用时不会对其他牲畜产生不良影响，不会对作物产生不利因素，排放的粪污不会对地下水和地表水产生污染等。

三、资源化

资源化利用是粪污处理的核心内容。畜禽粪便如果得不到有效的处理，不仅污染环境，而且造成资源的巨大浪费。有害粪污经过治理，既可减少对环境的污染，又可增加猪场经济收入，达到变废为宝的目的。猪粪便堆肥是优质的有机肥料，堆肥中含有大量有机质和氮、磷、钾及其他植物必需的营养元素；厌氧发酵残余物、沼渣、沼液除含有氮、磷、钾外，还含有钙、铜、锌、铁等多种微量元素以及氨基酸、维生素、生长素、有益微生物，是一种速迟效兼备的有机肥料。施用有机肥可提高土壤的有机质及肥力，改良土壤结构，并能维持农作物长期优质高产，是很好的土壤肥料来源。随着绿色食品、有机食品生产日趋增多，猪粪便越来越成为一种宝贵的肥料资源，为绿色食品及有机食品的生产提供基础保障。猪场可以通过出售有机肥增加收益，同时也可为农民创造就业机会。此外，污水处理后还田灌溉可使水资源得到进一步的利用，是实现养猪业可持续发展的基础。

第三节 粪污处理方法

猪场粪污要实现减量化、资源化、无害化可持续发展的模式，首先应该根据国家《畜禽规模养殖污染防治条例》《中、小型集约化养猪场环境参数及环境管理》和《畜禽养殖业污染物排放标准》等标准的要求，调整生产结构，开展清洁生产，减少污染物产生量，降低处理难度及处理成本；其次要结合资源化和综合利用的模式，坚持以利用为主、利用与治污相结合，使得排放的污水和粪便不会对地下水和地表水产生污染，同时可以使农牧、林牧渔等相互协调发展，实现生态养殖。

一、猪场清粪工艺

清粪方式是猪场粪污处理工艺设计中首先需要考虑和确定的

关键问题之一。猪场清粪方式的选择要视当地和各场实际情况因地制宜确定。常见的猪舍清粪方式有干清粪、水泡粪清粪和水冲式清粪。

(一) 水冲式清粪

水冲式清粪是每天多次用水将粪污冲出舍外。水冲式清粪的优点是设备简单，投资较少，劳动强度小，劳动效率高，工作可靠故障少，易于保持舍内卫生。其主要缺陷是水量消耗大，产生污水多，流出的粪便为液态，粪便处理难度大，也给粪便资源化利用造成困难。在水源不足或在没有足够农田消纳污水的地方不宜采用。

(二) 水泡粪清粪

水泡粪清粪是在漏缝地板下设粪沟，粪沟底部做成一定的坡度。粪沟内粪便在猪舍冲洗水的浸泡和稀释后成为粪液，在自身重力作用下流向端部的横向粪沟，待沟内积存的粪液达到一定程度时（夏天1~2个月，冬天2~3个月），提起沟端的闸板排放沟中的粪液。这种清粪方式虽可提高劳动效率，降低劳动强度，但耗水耗能较多，舍内潮湿，有害气体浓度高，造成猪舍内卫生状况变差。更主要的是，粪中可溶性有机物溶于水，使水中污染物浓度增高，增加了污水处理难度。

(三) 干清粪

干清粪要求粪便和污水在猪舍内自动分离，干粪由机械或人工收集、清出，尿及污水从下水道流出，再分别进行处理。人工清粪就是靠人利用清扫工具将猪舍内的粪便清扫收集，再由机动车或人力车运到集粪场。人工清粪只需一些清扫工具、人工清粪车等，设备简单，无能耗，一次性投资少，还可以做到粪尿分离，便于后续的粪尿处理。其缺陷是劳动量大，生产率低。机械清粪是采用专用的机械设备，如链式刮板清粪机和往复式刮板清粪机等机械。机械清粪的缺点是一次性投资较大，运行维护费用较高。

总体来讲，规模越大的猪场，采用干清粪工艺的比例越高。因为干清粪工艺是技术经济性较高的一种清粪方式。猪场干粪经过人工或者机械收集，污水中的有机物浓度大大降低，易于后续处理，同时还可以节省冲洗用水。其次，干清粪所收集的干粪用于制造有机肥需要规模效益。规模越大的猪场，能够收集的猪粪基数就越大。

与水冲粪和水泡粪工艺相比，干清粪可以分别减少猪场的污水排放量60%～70%和40%～50%，并显著减少污水中的BOD_5、COD_{cr}和SS含量，提高污水水质，如表8-1所示。

表8-1　不同清粪工艺的猪场污水水质和水量（刘红，2000）

项目	清粪工艺	水冲清粪	水泡清粪		干清粪	
水量	平均每头（升/天）	35～40	20～25	—	10～15	—
	万头猪场(立方米/天)	201～240	120～150	—	60～90	—
水质指标	BOD_5	5 000～60 000	8 000～10 000	302	1 000	—
	COD_{cr}	1 100～13 000	8 000～24 000	989	1 476	1 255
	SS	1 700～20 000	2 800～35 000	340	—	132

注：（1）水冲粪和水泡粪的污水水质按每日每头排放COD_{cr}量为448克，BOD_5量为200克，SS为700克计算得出；

（2）干清粪的3组数据为研究者在3个猪场实测得到的结果，其余为参考数据

二、粪污的处理

（一）干粪的处理

猪粪的固体部分一般采用堆肥法处理。堆肥作为一种保持良

好环境效应的产物，具有生物处理的可持续性和废弃资源的循环利用等特征，已被许多国家和地区所接受，成为处理有机固体废物的有效方法之一。堆肥是一种好氧发酵处理粪便的方法。在堆腐过程中微生物降解有机质，都能产生 $50 \sim 70℃$ 的高温，并维持数天，可杀死病原微生物、寄生虫及卵、草籽，从而使之无害化。腐熟后的物料不仅臭味减少，而且复杂有机质被降解为可被植物吸收利用的简单复合物，并含有对作物有益的微生物，使粪污变成高效活性有机肥。有机复合肥可以突破农田施有机肥的季节性、农田面积的限制，克服猪粪便含水率高和使用、运输、贮存不便的缺点，并能消除粪便直接堆沤恶劣卫生状况，同时可以补充猪粪便中的有机质和营养元素，使猪粪便转化成性质稳定、无害化的有机肥料，并可根据不同作物的吸肥特性，按不同比例添加无机营养成分，制成不同种类的复合肥、复混肥。

堆肥又可分为自然堆肥法和生物发酵堆肥法 2 种。

自然堆肥是传统的堆肥方法，不添加任何菌种，依靠自然界广泛分布的微生物，通过高温发酵，对有机物进行有控制的降解，使之矿质化、腐殖化、无害化，转变为腐熟肥料，有利于培肥土壤，改善和提高土壤腐殖质组成，为作物生长提供营养物质。但这种方法占地面积大、腐熟慢、效率低。具体做法是：将物料围成长、宽、高分别为 $10 \sim 15$ 米、$2 \sim 4$ 米、$1.5 \sim 2$ 米的条垛，在气温 20℃ 左右需腐熟 $5 \sim 20$ 天，其间需翻堆 $1 \sim 2$ 次，以供氧、散热和使发酵均匀，此后，需静置堆放 $2 \sim 3$ 个月即可完全腐熟。为加快发酵速度，可在垛内埋秸秆束或垛底铺设通风管，在堆垛后的前 20 天因经常通风，则不必翻垛，温度可升至 60℃，此后在自然温度下堆放 $2 \sim 3$ 个月即可完全腐熟。

生物发酵堆肥法又称高温堆肥，是利用好氧微生物降解粪污中有机质，并形成稳定的植物可吸收利用的肥料的过程。利用生物发酵的原理，往往需要添加一定量的微生物菌种，缩短堆肥时间。首先需要建设一个全封闭的发酵池或配备发酵罐、发酵塔、卧式发酵滚筒等设备，为微生物活动提供必要条件，天冷适当供温，可提高效率3~4倍以上，一般4~6天即可完成有机物降解，含水率降至25%~30%，放置20~30天完全腐熟。为便于贮存和运输，最好将水分降至13%左右，并粉碎、过筛、装袋。因此，堆肥发酵设备包括发酵前调整物料水分和碳氮比的预处理设备和腐熟后物料的干燥、粉碎等设备，可形成不同组合的成套设备。

（二）粪便污水的处理

厌氧发酵是猪场粪便污水最经济、有效的处理方法。厌氧发酵能量的转化率高，有机物去除率高达80%~90%，发酵的过程不需要外界能量的介入，可以降解某些难降解的物质和有毒的有机物，降解后沼渣少，从而能够达到沼气利用及沼液、沼渣还田的生态化模式。粪便污水排入发酵池，在发酵池内经厌氧微生物进行消化分解，粪污中的有机质通过甲烷菌等的作用，产生沼气，用作生产、生活能源，沼渣和沼液经再处理后还田利用。这样不仅可以避免有机物浓度过高引起烂根和烧苗现象，同时经过沼气发酵，可以回收能源甲烷，并且能杀灭部分寄生虫卵和病原微生物。

三、粪污的利用

（一）固体粪污的利用

养猪场固体粪污经堆肥腐熟后，不仅能增加堆肥中有机质含量，还可以保留粪便中的氮、磷和钾等无机成分，利用好氧发酵杀死粪便中90%以上的病原微生物、寄生虫及其卵，减少粪便固有的臭味和污物感，便于施用，是优质和绿色食品的生长营养肥料。利用这些腐熟的堆肥制成的商品有机复合肥解决了普通有机肥的缺点，在具有有机肥改良土壤，增强地力、肥料养分密度大，施肥量少等功效的同时，还可根据施用对象的需要调整肥料成分的构成和肥料成分的释放速度，提高肥料的利用效率。有机复合肥的使用可以促进有机肥的施用，节约化肥，改善土壤理化性状，保证农业生产的可持续发展，使农业生产步入良性循环，并有着巨大的潜在市场，前景良好。

对未经腐熟的固体粪污，则须及时施用于农田，以防堆放过程中污染环境，且只能作为底肥施用，使其在土壤中有一定时间自然腐熟，然后再行播种。

另外，猪场固体粪污作蚯蚓、蝇蛆、食用菌培养料，然后作肥料还田，也是一种合理的利用方式，但利用数量有限。

也有猪场未经固液分离，直接将全粪排入沼气池发酵。这种处理会使沼液沼渣的肥效提高，但其净化程度较差，存在二次污染问题，同时其运行受地域气候制约，北方地区运行设备投资大。

(二) 沼气利用

猪粪污水经厌氧发酵产生的沼气，经脱硫和除水等方式净化后，甲烷含量一般为55% ~ 70%，含热量19 702 ~ 25 075千焦，是很好的清洁能源。这些沼气可用于猪场职工和猪场附近居民的生活用气。沼气净化、贮存与利用须配备气水分离器、脱硫塔、储气柜、阻火器、流量表、凝水器、供气管道、沼气锅炉或入户工艺设施等。

（三）沼渣和沼液利用

猪粪污水经厌氧发酵后的沼液和沼渣，除碳素损失较大外，仍保留90%原料营养成分，且氮素结构得到优化，磷和钾的回收率高达80%~90%，是优质的有机肥料。沼肥中除了含有常量营养元素、有机质外，还含有多种微量营养元素，是很好的液体肥料。猪场沼渣沼液的后处理方式可归纳为厌氧－还田模式、厌氧－自然处理模式、厌氧－好氧－达标排放（工厂化处理模式）3种模式。

厌氧－还田模式将系统产生的沼渣沼液全部还田利用，适用于远离城市、经济落后、土地宽广，有足够的农田消纳猪场粪污的地区，特别是种植常年施肥的作物，如蔬菜、果木和花卉等的地区，该模式最符合循环经济理念。

厌氧－自然处理模式采用氧化塘等自然处理系统对沼液进行处理，需要大面积的自然消纳场地。适用于离城市较远，气温较高，土地宽广，地价较低、有滩涂、荒地、林地或低洼地可供利用的地区。

厌氧－好氧－达标排放（工厂化处理）模式采用好氧技术对沼液进行达标处理，最后达标排放的还是污水，只是氨氮等含量达到了排放标准，该模式的投资大，运行费用远高于实际收益。适用于经济发达，土地紧张，没有足够农田消纳沼液的地区。

第四节　废弃物的处理

规模化猪场生产过程中除产生粪便和污水以外，还会产生其他废弃物，这些废弃物必须加以处理。猪场其他废弃物主要有猪的尸体、废弃垫料、药品及饲料包装、疫苗瓶、毛发、生活垃圾等。

一、病死猪无害化处理

规模猪场对于病死猪只的尸体应按《病害动物和病害动物产品无害化处理规程》的要求做无害化处理，严禁对病死猪只的销售和食用。同时应将患病猪的粪便、垫草堆积发酵，经过无害化处理后再施入土壤，可疑被病原微生物污染的物品必须严格消毒。

（一）毁尸池处理

毁尸池为一个密闭的空腔体，池顶上设投料口，投料口上配备密封盖。将病死或不明原因死亡的猪尸体通过投料口投入毁尸池内，盖好密封盖，使尸体在密闭的毁尸池内进行微生物发酵。池内温度可高达65℃，4～5个月后可全部分解。在池内添加适量的高锰酸钾、烧碱和生石灰等达到消灭病菌和病毒的目的，实现无害化处理。

毁尸池须设置在养猪场的下风区，离水源1千米外较干燥的地方。

（二）化尸宝处理

将病死猪投入装有锯木等物料的化尸容器内，经过一段时间密闭发酵后，可用作肥料的一种病死猪处理方法。

（三）深坑掩埋

病死猪不能直接埋入土壤中，因为这样容易造成土壤和地下水被污染。深坑应尽量远离猪舍区，设在猪场下风向，避开水源。最好是用水泥板或砖块砌成的专用深坑。掩埋时病死猪尸体上层应距离地表1.5米以上，掩埋后需将掩埋土夯实，掩埋后的地表环境应使用高效消毒剂喷洒消毒。

二、其他废弃物处理

(一) 生活垃圾

养猪场生活垃圾应遵照国家有关规定分类回收、集中处理、综合利用，不得自行随处掩埋或焚烧，以防造成环境污染。

(二) 废弃垫料

废弃垫料能直接做肥料的用于还田，不能直接用作肥料的垫料，可以先处理，再利用（比如焚烧后再还田做农家肥）。

(三) 药品及饲料包装

药品及饲料包装一般集中收集送到废品回收站直接出售，部分饲料包装袋可二次回收利用。

(四) 疫苗瓶

疫苗瓶按当地防疫部门的要求，消毒灭菌后集中处置。

主要参考文献

[1] 郭宗义，等.2010. 现代实用养猪技术大全 [M]. 北京：化学工业出版社.

[2] 国家畜禽遗传资源委员会组.2011. 中国畜禽遗传资源志·猪志 [M]. 北京：中国农业出版社.

[3] 王林云.2007. 现代中国养猪 [M]. 北京：金盾出版社.

[4] 黄瑞华.2002. 生猪无公害饲养综合技术 [M]. 北京：中国农业出版社.

[5] 徐百万，等.2006. 畜牧兽医标准化原理与应用 [M]. 北京：中国农业出版社.

[6] 钟正泽，等.2009. 新编母猪饲料配方600例 [M]. 北京：化学工业出版社.

[7] 岳文斌，等.2004. 动物繁殖及其营养调控 [M]. 北京：中国农业出版社.

[8] 李汝敏，等.1992. 实用养猪学 [M]. 北京：中国农业出版社.

[9] 李炳坦，等.2004. 养猪生产技术手册 [M]. 北京：中国农业出版社.

[10] 冯继金.2003. 种猪饲养技术与管理 [M]. 北京：中国农业大学出版社.

[11] 杨公社.2002. 猪生产学 [M]. 北京：中国农业出版社.

[12] 张守全.2002. 工厂化猪场人工授精技术 [M]. 成都：四川大学出版社.